例題と演習で学ぶ

微分積分学
改訂版

山崎丈明 著

学術図書出版社

はじめに

　現代社会において，科学技術の恩恵を受けない日は1日たりともないでしょう．インターネットやハイブリットカー，または電車のICカードのように，先進技術の結晶ともいえるサービスや製品はもちろんのこと，冷蔵庫や洗濯機のような家電製品は，すべて科学技術なしでは開発できませんでした．科学技術は，電気工学，無線通信，自動車工学，流体力学など，さまざまな分野による理論の裏付けがあってこそ，安心，安全な商品やサービスの開発につながっていきます．その科学技術を支えるさまざまな分野には共通の言語があるのです．それが数学です．通常，新しい技術を開発する際に多くの実験を繰り返します．しかしながら，たとえ100万回の実験を繰り返してすべての実験で安全だという結果が出たとしても，100万1回目の実験で大事故が起こる可能性は否定できません．ところが，理論的に安全だということがわかれば，その可能性はゼロになります．理論的に安全だということを示すためには，数学による証明の手法が欠かせません．数学は実験器具を必要としませんが，上手に活用できれば，100万回の実験以上の成果をあげられるのです．

　数学は科学技術だけのものではありません．近年では経済学をはじめとする社会科学においても数学的手法が取り入れられてきています．たとえば，新商品を開発する際にやみくもに高機能な物を作っても，値段が高かったり，デザインが悪かったり，不要な機能が多かったりしたら売れません．そこで，実際にアンケートをとったりして，街の人たちがどんなものを欲しがっているのかを調べることになります．しかしながら，膨大な量のアンケート結果を集めただけでは，それは単なるデータの集まりで，街の人たちがどんな物を望んでいるのか見えてきません．そこで，街の大多数の人たちの意見を抽出するために数学の助けを必要とします．数学的に間違いのないことが証明されている統計的な手法を用いれば，街の人たちの声を上手に抽出することができます．また，対立する相手がいるときに，自分の利益を最大限に高めるための戦略について論理的な解析をした「ゲーム理論」は，数学の大きな成果の1つでもあります．数学は物事を厳密に理解をする上で，もはや欠かせない言語のような役割を担うようになってきているのです．

　微分積分学は，数学全般の基礎的な概念である「関数」について調べる分野であり，その後学習するいかなる分野においても必ず必要とされます．とはいえ，実際に微分積分学を完全に理解しようとすると，定理の意味づけや証明などを学ばなければならず，多大な労力が必要となります．しかしながら「道具としての数学」という視点で見た場合，その道具自身の成り立ちや構造を学ぶことよりも，道具の使い方を重視した方が，より効率的に数学を学ぶことができるでしょう．

　本書は数学を道具として使う，いわゆる「数学ユーザー」のためのテキストとして微分積分

学の概要を解説しています．そのため，定理の証明は省略しました．しかしながら，証明を理解しないで定理を丸暗記することはとてもたいへんですので，本書では定理の意味づけを簡単に紹介しました．本書は以下のような読者を想定しています．

1. 微分積分学に必要な計算だけができればよい人．
2. 微分積分を過去に学んだが，計算方法などを忘れてしまった人．

本書の主な特徴は，定理や公式をコンパクトにまとめ，例題を通して定理や公式の使い方を説明することに重点を置きました．演習問題を用意しましたので，実際に問題を解きながら計算力をつけることができるようになっています．さらに，微分積分学を学ぶ上で重要な定理の背景や意味を簡単に紹介しました．特に多くの学生がつまずく 2 変数関数の微分積分においては，たえず 1 変数関数の定理と比較することを促しています．2 変数関数における定理が 1 変数関数の定理の自然な拡張になっていることが理解できれば，2 変数関数の微分積分がそれほど難しくないと実感できるでしょう．本書をテキストとして使用される場合には，講義中に定理の背景や意味を，先生方が学生に説明していただければ幸いです．

本書は次のように利用するとよいでしょう．

1. 定理と例題を読み，定理の使い方を確認しましょう．
2. 定理の使い方を確認したら，定理の意味を考えましょう．
3. ひたすら演習問題を解きましょう．

演習問題を数多くこなすことによって「数的感覚」が養われてきます．「数的感覚」とは，いわば数字に対する感覚です．簡単な例では「大雑把な割り勘がすぐにできる」ことも数的感覚の副産物です．数学を学ぶ際には，「数的感覚」の他にも「数学的感覚」も重要です．これは物事の本質をつかむ能力と密接に関係してきます．「数学的感覚」を磨くには，残念ながら計算練習だけでは十分ではなく，定理の証明やその背景に潜む思想に触れる必要があります．本書では 2 変数関数の微分積分を学習する際に，「数学的感覚」がある程度養われるように工夫されています．しかしながら，本書の内容だけでは十分とはいえないでしょう．より本格的なテキストで学習することをお勧めします．

本書を執筆するにあたり，原稿の確認や温かい励ましを賜った東洋大学の豊泉正男教授に謝意を表します．学術図書出版社の発田孝夫氏には，原稿の作成において多大なアドバイスをいただきました．また，図の作成や原稿の確認においてたいへんお世話になりました．ここに，改めて感謝いたします．

2014 年 8 月

著者しるす

改訂版にむけたまえがき

　本書は 2014 年に出版された『例題と演習で学ぶ 微分積分学』の改訂版です. 主な改訂は, 右極限・左極限, 重積分の記号を一般的な記号に変えたことです. 2014 年に本書を執筆したときは, 数学の論文でよく使われている記号を用いていました. しかし, 本書を使用する多くの学生は高等学校を卒業したばかりであったり, 数学以外の分野に進むことを想定していますので, 記号だけ専門的にならないよう, 多くの書籍で使用されている記号に変えました. また, 第 2 章の不定積分においては, 積分定数を省略していましたが, 不定積分をきちんと学ぶと, 積分定数は非常に重要であることがわかってきますので, 改訂版では積分定数をつけました. また, 全体的に定理や文章に細かな修正をしました.

　2014 年に本書を出版して以降, 大学ではクォーター制やオンライン授業などが始まりました. また, 高等学校からの接続教育をより重視される傾向になってきました. 本書の構成は 2014 年当時と変わりませんが, 授業時間数にあわせて, たとえば, 1.6 節の「連続関数」や, 2.9 節の「区分求積法と不等式」などを省略するなどして講義を進めていただけると幸いです.

　改訂版を執筆するにあたり, 多くの方の意見を参考にしました. 特に本多恭子氏には多くの意見を寄せていただきました. また, 学術図書出版社の高橋秀治氏には, 様々な大学の状況を教えていただきました. ここに感謝の意を表します.

　2021 年 10 月

著者しるす

目　　次

1

1変数関数の微分

「人間にはものを考える時間が必要だ.」
スティーブ・ジョブズ

　無限という概念は, 大昔から人々を魅了してきた. それは, 星の数や永遠の時間のように, 人々が求めても決して手に入れられない概念であったからこそ, あこがれの対象であったのかもしれない. それゆえ, 無限については, 大昔からさまざまな思索が繰り返されてきたが, 常にあいまいさが残り, 万人が扱えるような理論の構築は失敗してきた. この試みに成功したのは, 19 世紀前半のコーシーである. コーシーは, 直観的には動的な極限の概念を, 写真のコマ撮りのように静的に扱うための ε-δ 論法という手法を用いて, 極限や無限大を容易に扱う方法を考案した. 微分という概念は, 17 世紀にニュートンとライプニッツが別々に考え出した. 微分が考え出されたことにより, 従来知られていなかった「速度」という概念が発見された. 微分の大きな特徴の 1 つは, ごく微小な区間で関数を見たとき, それを直線で近似できるというアイディアである. 本章では, 最初に代表的な関数を学習した後に, 極限と微分について学習する.

1.1　有理関数

　分母と分子が整数で表されるような分数を有理数と呼ぶ. また, 分母と分子を多項式に置き換えた関数のことを有理関数と呼ぶ. 有理関数の扱いは多項式と比べて難しい. しかしながら, 分母を 0 にしてはならないという, 分数の基本ルールと, 部分分数分解をはじめとするいくつかのテクニックをマスターしてしまえば, 有理関数の扱いはそう難しくない.

　最初に, 本書で扱う記号を紹介する.

(1)　$\mathbb{N}$, $\mathbb{Q}$, $\mathbb{R}$ を, それぞれ自然数, 有理数, 実数全体の集合とする.

(2)　$a, b \in \mathbb{R}$ に対して, $[a, b] = \{x \in \mathbb{R}; a \leqq x \leqq b\}$ (閉区間).

(3)　$a, b \in \mathbb{R}$ に対して, $(a, b) = \{x \in \mathbb{R}; a < x < b\}$ (開区間).

(4)　$a \in \mathbb{R}$ に対して, $[a, +\infty) = \{x \in \mathbb{R}; a \leqq x\}$.

(5)　$a \in \mathbb{R}$ に対して, $(a, +\infty) = \{x \in \mathbb{R}; a < x\}$.

同様に, $[a, b)$, $(a, b]$, $(-\infty, a]$, $(-\infty, a)$ なども使用する.

例　$x \in \mathbb{R}$ は, x は実数という意味であり, $x \in [0, 1]$ は, x は $0 \leqq x \leqq 1$ をみたす実数という意味である.

注意　∞ は無限大を表す記号で, 数ではない.

　関数 $f(x)$ において，$f(x)$ が定義される実数 x の範囲を $f(x)$ の**定義域**，x が $f(x)$ のすべての定義域の値をとるとき，$f(x)$ のとりうる値の範囲を $f(x)$ の**値域**という.

定理 1.1 (因数定理)

　$f(x)$ を多項式とする．もし，$a \in \mathbb{R}$ に対して，$f(a) = q$ であれば，

$$f(x) = (x - a)g(x) + q$$

となる多項式 $g(x)$ が存在する．特に，$f(a) = 0$ ならば，$f(x) = (x - a)g(x)$ と因数分解できる.

例題 1.1　次の多項式を因数分解しなさい.

　(1) $x^3 - 2x + 1$　　(2) $x^3 + 2x^2 - 5x - 6$

解答　(1) $f(x) = x^3 - 2x + 1$ とおくと，$f(1) = 0$ より，$f(x)$ は $x - 1$ で割り切れる．よって，多項式の除法により，$x^3 - 2x + 1 = (x - 1)(x^2 + x - 1)$.

$$
\begin{array}{r}
x^2 + x\ -1 \\
x-1\ \overline{)\ x^3\qquad\ -2x+1} \\
\underline{x^3 - x^2}\qquad\qquad \\
x^2 - 2x\qquad \\
\underline{x^2 -\ x}\qquad \\
-\ x+1 \\
\underline{-\ x+1} \\
0
\end{array}
$$

(2) $f(x) = x^3 + 2x^2 - 5x - 6$ とおくと，$f(-1) = 0$ より，$f(x)$ は $x + 1$ で割り切れる．よって，多項式の除法により，次のように因数分解できる.

$$
\begin{aligned}
x^3 + 2x^2 - 5x - 6 &= (x + 1)(x^2 + x - 6) \\
&= (x + 1)(x - 2)(x + 3)
\end{aligned}
$$

$$
\begin{array}{r}
x^2 +\ x\ -6 \\
x+1\ \overline{)\ x^3 + 2x^2 - 5x - 6} \\
\underline{x^3 +\ x^2}\qquad\qquad \\
x^2 - 5x\qquad \\
\underline{x^2 +\ x}\qquad \\
-6x - 6 \\
\underline{-6x - 6} \\
0
\end{array}
$$

定義 1.1 (有理関数)

　多項式 $f(x)$, $g(x)$ に対して，$\dfrac{f(x)}{g(x)}$ の形をした関数を**有理関数**と呼ぶ．ただし，$g(x) = 0$ となる x において，この有理関数は定義されない.

例題 1.2　次の有理関数 $\dfrac{f(x)}{g(x)}$ を，多項式の除法を用いて $Q(x) + \dfrac{R(x)}{g(x)}$ のように多項式と有理関数の和で表しなさい.

　(1) $\dfrac{x^2 + 3x + 1}{x + 1}$　　(2) $\dfrac{x^4 + 4x^2 - 2x + 3}{x^2 - x + 1}$

解答　(1) 多項式の除法を用いて $x^3 + 3x + 1$ を $x+1$ で割ると，$x^2 + 3x + 1 = (x+1)(x+2) - 1$ を得る．両辺を $\dfrac{1}{x+1}$ 倍することによって

$$\frac{x^2 + 3x + 1}{x+1} = x + 2 - \frac{1}{x+1}$$

$$
\begin{array}{r}
x + 2 \\
x+1 \overline{\smash{)}\ x^2 + 3x + 1} \\
\underline{x^2 + \ x} \\
2x + 1 \\
\underline{2x + 2} \\
-1
\end{array}
$$

(2) (1) と同様の計算から $x^4 + 4x^2 - 2x + 3 = (x^2 - x + 1)(x^2 + x + 4) + x - 1$ を得る．両辺を $\dfrac{1}{x^2 - x + 1}$ 倍することによって，

$$\frac{x^4 + 4x^2 - 2x + 3}{x^2 - x + 1} = x^2 + x + 4 + \frac{x-1}{x^2 - x + 1}$$

$$
\begin{array}{r}
x^2 + x \ + \ 4 \\
x^2 - x + 1 \overline{\smash{)}\ x^4 \qquad + 4x^2 - 2x + 3} \\
\underline{x^4 - x^3 + \ x^2} \\
x^3 + 3x^2 - 2x \\
\underline{x^3 - \ x^2 + \ x} \\
4x^2 - 3x + 3 \\
\underline{4x^2 - 4x + 4} \\
x - 1
\end{array}
$$

定義 1.2（部分分数分解）

$\alpha_1, \ldots, \alpha_n \in \mathbb{R}$ とする．有理関数を次のように変形することを**部分分数分解**と呼ぶ．

$$\frac{p(x)}{(x - \alpha_1)(x - \alpha_2) \cdots (x - \alpha_n)} = \frac{p_1}{x - \alpha_1} + \frac{p_2}{x - \alpha_2} + \cdots + \frac{p_n}{x - \alpha_n}$$

ただし，$p(x)$ は n 次未満の多項式，$p_1, p_2, \ldots, p_n \in \mathbb{R}$ とする．

例題 1.3　次の有理関数を部分分数分解しなさい．

(1) $\dfrac{1}{(x-1)(x-2)}$　　(2) $\dfrac{2x+3}{(x+2)(x-3)}$

解答　(1) $\dfrac{1}{(x-1)(x-2)} = \dfrac{a}{x-1} + \dfrac{b}{x-2}$ とおいて，a, b を求めればよい．この式の両辺を $(x-1)(x-2)$ 倍すると，

$$1 = a(x-2) + b(x-1)$$

この式に $x = 1$ を代入すると，$1 = -a$ から $a = -1$．また，$x = 2$ を代入すると，$1 = b$．ゆえに，

$$\frac{1}{(x-1)(x-2)} = \frac{1}{x-2} - \frac{1}{x-1}$$

(2) $\dfrac{2x+3}{(x+2)(x-3)} = \dfrac{a}{x+2} + \dfrac{b}{x-3}$ とおいて，a, b を求めればよい．この式の両辺を $(x+2)(x-3)$ 倍すると，

$$2x + 3 = a(x-3) + b(x+2)$$

この式に $x = -2$ を代入すると，$-1 = -5a$ から $a = \dfrac{1}{5}$．また，$x = 3$ を代入すると，$9 = 5b$

から $b = \dfrac{9}{5}$. ゆえに,

$$\frac{2x+3}{(x+2)(x-3)} = \frac{1}{5(x+2)} + \frac{9}{5(x-3)}$$

より一般的な部分分数分解の方法については, 第 2 章で改めて学習する.

演習問題

1.1　次の多項式を因数分解しなさい.

(1) $x^3 + 3x^2 + 5x + 6$　　　(2) $x^3 - 19x - 30$　　　(3) $x^4 + x^2 + 1$

1.2　次の有理関数 $\dfrac{f(x)}{g(x)}$ を, 多項式の除法を用いて $Q(x) + \dfrac{R(x)}{g(x)}$ のように多項式と有理関数の和で表しなさい.

(1) $\dfrac{x^2 + 3x - 1}{x + 1}$　　　(2) $\dfrac{x^4 + 2x^3 + x^2 - 5x + 2}{x^2 + x + 1}$　　　(3) $\dfrac{3x^4 - x^3 + 2x^2 + x - 2}{2x^2 - 1}$

1.3　次の有理関数を部分分数分解しなさい.

(1) $\dfrac{1}{x(x-1)}$　　　(2) $\dfrac{3x - 1}{(x+1)(x-2)}$　　　(3) $\dfrac{2x + 3}{(x+1)(x-2)(x-3)}$

1.2　三角関数

三角関数は測量で利用されたり, そのグラフが音や電気信号の波形を表すなど, 応用面においても重要な関数である. 三角関数には, 覚える必要のある公式が数多くあるため, 自由自在に扱えるようになるには, 演習問題を十分にこなす必要がある.

定義 1.3 (弧度法)
　半径が 1 である扇形について, 弧長が θ となるとき, その中心角を θ ラジアン (rad) という. このように, 角度を扇形の弧長で表すことを**弧度法**という.

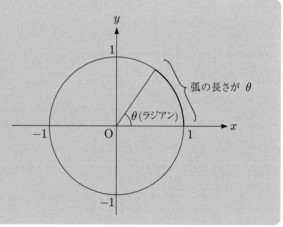

例　$180°$ は $2\pi \times \dfrac{180}{360} = \pi$ ラジアン. また, $60°$ は $2\pi \times \dfrac{60}{360} = \dfrac{\pi}{3}$ ラジアン. $-30°$ は $2\pi \times \left(-\dfrac{30}{360}\right) = -\dfrac{\pi}{6}$ ラジアンである.

以後, 角度はすべて弧度法で表し, 単位の "ラジアン" は省略する.

定義 1.4 (三角関数)

点 A(x, y) を xy-平面上の単位円周上の点とする. また, 原点 O と点 A を結ぶ半直線 OA と x 軸とのなす角度を θ とする. このとき

(1) 点 A の y 座標を θ に対する**正弦**と呼び, $\sin\theta$ で表す.

(2) 点 A の x 座標を θ に対する**余弦**と呼び, $\cos\theta$ で表す.

(3) $\dfrac{y}{x}$ を θ に対する**正接**と呼び, $\tan\theta$ で表す.

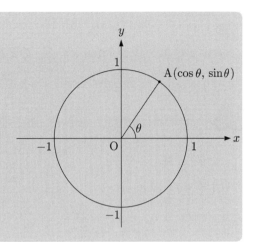

基本的な角度に対する三角関数の値は次の通りである ($\tan\dfrac{\pi}{2}$ は定義されない).

θ	0	$\dfrac{\pi}{6}$	$\dfrac{\pi}{4}$	$\dfrac{\pi}{3}$	$\dfrac{\pi}{2}$	$\dfrac{2\pi}{3}$	$\dfrac{3\pi}{4}$	$\dfrac{5\pi}{6}$	π
$\sin\theta$	0	$\dfrac{1}{2}$	$\dfrac{\sqrt{2}}{2}$	$\dfrac{\sqrt{3}}{2}$	1	$\dfrac{\sqrt{3}}{2}$	$\dfrac{\sqrt{2}}{2}$	$\dfrac{1}{2}$	0
$\cos\theta$	1	$\dfrac{\sqrt{3}}{2}$	$\dfrac{\sqrt{2}}{2}$	$\dfrac{1}{2}$	0	$-\dfrac{1}{2}$	$-\dfrac{\sqrt{2}}{2}$	$-\dfrac{\sqrt{3}}{2}$	-1
$\tan\theta$	0	$\dfrac{1}{\sqrt{3}}$	1	$\sqrt{3}$		$-\sqrt{3}$	-1	$-\dfrac{1}{\sqrt{3}}$	0

三角関数のグラフは以下の通りである.

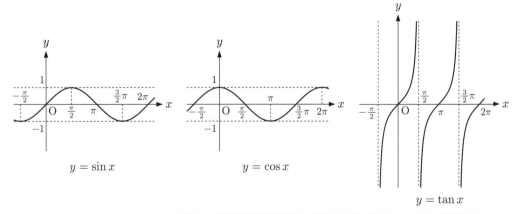

$$y = \sin x \qquad y = \cos x \qquad y = \tan x$$

定理 1.2 (三角関数の相互関係)

任意の $\theta \in \mathbb{R}$ に対して次が成り立つ.

(1) $\cos^2\theta + \sin^2\theta = 1$ (2) $1 + \tan^2\theta = \dfrac{1}{\cos^2\theta}$ (3) $\tan\theta = \dfrac{\sin\theta}{\cos\theta}$

例題 1.4　次の問いに答えなさい.

(1)　$x \in \left[0, \dfrac{\pi}{2}\right]$ かつ $\cos x = \dfrac{12}{13}$ のとき, $\sin x$ と $\tan x$ を求めなさい.

(2)　$x \in \left[\dfrac{3}{2}\pi, \, 2\pi\right]$ かつ $\tan x = -3$ のとき, $\sin x$ と $\cos x$ を求めなさい.

解答　(1) 最初に定理 1.2 を使って $\sin x$ を求める. 定理 1.2 の (1) より,

$$\sin^2 x = 1 - \cos^2 x = \frac{25}{169}$$

これより $\sin x = \pm\dfrac{5}{13}$. ここで, $x \in \left[0, \dfrac{\pi}{2}\right]$ より, $\sin x \geqq 0$ なので, $\sin x = \dfrac{5}{13}$. また, 定理 1.2 の (3) より, $\tan x = \dfrac{\sin x}{\cos x} = \dfrac{5}{12}$.

(2) 最初に定理 1.2 を使って $\cos x$ を求める. 定理 1.2 の (2) より,

$$\cos^2 x = \frac{1}{1 + \tan^2 x} = \frac{1}{10}$$

これより $\cos x = \pm\dfrac{1}{\sqrt{10}}$. ここで, $x \in \left[\dfrac{3}{2}\pi, \, 2\pi\right]$ より, $\cos x \geqq 0$ なので, $\cos x = \dfrac{1}{\sqrt{10}}$. また, 定理 1.2 の (3) より, $\sin x = \cos x \cdot \tan x = -\dfrac{3}{\sqrt{10}}$.

定理 1.3 (三角関数の加法定理)

任意の $\alpha, \beta \in \mathbb{R}$ に対して次が成り立つ.

(1)　$\sin(\alpha \pm \beta) = \sin\alpha\cos\beta \pm \cos\alpha\sin\beta$

(2)　$\cos(\alpha \pm \beta) = \cos\alpha\cos\beta \mp \sin\alpha\sin\beta$　　　　　(すべて複号同順)

(3)　$\tan(\alpha \pm \beta) = \dfrac{\tan\alpha \pm \tan\beta}{1 \mp \tan\alpha\tan\beta}$

定理 1.4 (倍角の公式・半角の公式)

任意の $\alpha \in \mathbb{R}$ に対して次が成り立つ.

1.　倍角の公式

(1)　$\sin 2\alpha = 2\sin\alpha\cos\alpha$

(2)　$\cos 2\alpha = \cos^2\alpha - \sin^2\alpha = 2\cos^2\alpha - 1 = 1 - 2\sin^2\alpha$

2.　半角の公式

(1)　$\sin^2\dfrac{\alpha}{2} = \dfrac{1 - \cos\alpha}{2}$　　　　(2)　$\cos^2\dfrac{\alpha}{2} = \dfrac{1 + \cos\alpha}{2}$

例題 1.5　次の三角関数の値を求めなさい.

(1) $\sin\dfrac{\pi}{12}$　　　(2) $\cos\dfrac{5}{8}\pi$　　　(3) $\cos\dfrac{\pi}{5}$

解答　(1) $\dfrac{\pi}{12}$ ラジアンは $15°$ である．$45° - 30° = 15°$ より，定理 1.3 の (1) から

$$\sin \frac{\pi}{12} = \sin \left(\frac{\pi}{4} - \frac{\pi}{6} \right) = \sin \frac{\pi}{4} \cos \frac{\pi}{6} - \cos \frac{\pi}{4} \sin \frac{\pi}{6}$$

$$= \frac{\sqrt{2}}{2} \cdot \frac{\sqrt{3}}{2} - \frac{\sqrt{2}}{2} \cdot \frac{1}{2} = \frac{\sqrt{6} - \sqrt{2}}{4}$$

(2) $\dfrac{5}{8}\pi = \dfrac{\frac{5}{4}\pi}{2}$ だから，定理 1.4 の 2.(2) より，

$$\cos^2 \frac{5}{8}\pi = \frac{1 + \cos \frac{5}{4}\pi}{2} = \frac{1 - \frac{\sqrt{2}}{2}}{2} = \frac{2 - \sqrt{2}}{4}$$

よって，$\cos^2 \dfrac{5}{8}\pi = \pm \dfrac{\sqrt{2 - \sqrt{2}}}{2}$．ここで，$\dfrac{5}{8}\pi \in \left[\dfrac{\pi}{2}, \pi \right]$ より $\cos \dfrac{5}{8}\pi < 0$．ゆえに，$\cos \dfrac{5}{8}\pi = -\dfrac{\sqrt{2 - \sqrt{2}}}{2}$．

(3) $\dfrac{\pi}{5} = x$ とおくと，$5x = \pi$ より，$3x = \pi - 2x$．よって，定理 1.3 の (1) から

$$\sin 3x = \sin (\pi - 2x) = \sin \pi \cos 2x - \cos \pi \sin 2x = \sin 2x$$

ここで，定理 1.4 の 1 と定理 1.3 の (1) から

$$\sin 2x = 2 \sin x \cos x$$

$$\sin 3x = \sin (2x + x)$$

$$= \sin 2x \cos x + \cos 2x \sin x$$

$$= 2 \sin x \cos^2 x + (2 \cos^2 x - 1) \sin x = \sin x (4 \cos^2 x - 1)$$

よって，$\sin 2x = \sin 3x$, $\sin x > 0$ から

$$2 \sin x \cos x = \sin x (4 \cos^2 x - 1) \iff 4 \cos^2 x - 2 \cos x - 1 = 0$$

$$\iff \cos x = \frac{1 \pm \sqrt{5}}{4}$$

ここで，$x = \dfrac{\pi}{5} \in \left[0, \dfrac{\pi}{2} \right]$ より $\cos x > 0$ である．ゆえに $\cos \dfrac{\pi}{5} = \dfrac{1 + \sqrt{5}}{4}$．

定理 1.5 (三角関数の合成)

$a, b \in \mathbb{R}$ とする．次が成り立つ．

$$a \sin x + b \cos x = \sqrt{a^2 + b^2} \sin (x + \alpha)$$

ただし，α は $\cos \alpha = \dfrac{a}{\sqrt{a^2 + b^2}}$, $\sin \alpha = \dfrac{b}{\sqrt{a^2 + b^2}}$ をみたす実数とする．

例題 1.6　$\sin x + \sqrt{3} \cos x$ を合成しなさい．

解答　定理 1.5 より，

$$\sin x + \sqrt{3} \cos x = \sqrt{1 + 3} \sin (x + \alpha) = 2 \sin (x + \alpha)$$

ただし，α は $\cos\alpha = \dfrac{1}{2}$, $\sin\alpha = \dfrac{\sqrt{3}}{2}$ をみたす実数なので，$\alpha = \dfrac{\pi}{3}$. ゆえに，

$$\sin x + \sqrt{3}\cos x = 2\sin\left(x + \frac{\pi}{3}\right)$$

次の公式も微分積分学では使うことが多い．

定理 1.6 (積を和に変える公式)

　$\alpha, \beta \in \mathbb{R}$ に対して次が成り立つ．

(1)　$\sin\alpha\cos\beta = \dfrac{1}{2}\{\sin(\alpha+\beta) + \sin(\alpha-\beta)\}$

(2)　$\cos\alpha\sin\beta = \dfrac{1}{2}\{\sin(\alpha+\beta) - \sin(\alpha-\beta)\}$

(3)　$\sin\alpha\sin\beta = \dfrac{1}{2}\{\cos(\alpha-\beta) - \cos(\alpha+\beta)\}$

(4)　$\cos\alpha\cos\beta = \dfrac{1}{2}\{\cos(\alpha+\beta) + \cos(\alpha-\beta)\}$

演習問題

1.4　次の問に答えなさい．

(1) $x \in \left[\dfrac{\pi}{2}, \pi\right]$ かつ，$\sin x = \dfrac{5}{13}$ のとき，$\cos x$, $\tan x$ を求めなさい．

(2) $x \in \left[0, \dfrac{\pi}{2}\right]$ かつ，$\tan x = 2$ のとき，$\sin x$, $\cos x$ を求めなさい．

1.5　次の三角関数の値を求めなさい．

(1) $\cos\dfrac{\pi}{12}$　　(2) $\sin\dfrac{5}{12}\pi$　　(3) $\cos\dfrac{7}{12}\pi$　　(4) $\sin\dfrac{\pi}{8}$　　(5) $\cos\dfrac{13}{8}\pi$　　(6) $\cos\dfrac{2}{5}\pi$

1.6　次の表を完成させなさい．

x	$\dfrac{13}{12}\pi$	$\dfrac{7}{6}\pi$	$\dfrac{5}{4}\pi$	$\dfrac{4}{3}\pi$	$\dfrac{17}{12}\pi$	$\dfrac{3}{2}\pi$	$\dfrac{19}{12}\pi$	$\dfrac{5}{3}\pi$	$\dfrac{7}{4}\pi$	$\dfrac{11}{6}\pi$	$\dfrac{23}{12}\pi$	2π
$\sin x$												
$\cos x$												
$\tan x$												

1.3　指数関数

　指数関数のポイントは，指数法則だけである．指数法則をきちんと理解してしまえば，指数関数は難しくない．指数関数の性質は，次節で紹介する対数関数とセットで覚えよう．

定義 1.5 (指数関数)

　$a > 0$, p を 0 を除く整数とする．このとき，方程式 $x^p = a$ をみたす正数解 x を $a^{\frac{1}{p}}$ や $\sqrt[p]{a}$ などと表し，a の **p 乗根**という．

正数 a に対して，$f(x) = a^x$ と定義される関数を**指数関数**と呼ぶ．また，多項式 $f(x)$ に対して，$\sqrt[p]{f(x)}$ を含む有理関数を**無理関数**と呼ぶ．

注意　$a < 0$ の場合は，p が奇数のときに限り，$a^{\frac{1}{p}} = -|a|^{\frac{1}{p}}$ として定義する．（p が偶数の場合 $a^{\frac{1}{p}}$ は定義できない．）

定理 1.7（指数法則）

$a, b > 0$，$p, q \in \mathbb{R}$ とする．このとき，次が成り立つ．

(1) $a^0 = 1$　(2) $a^{-1} = \dfrac{1}{a}$　(3) $a^{p+q} = a^p \times a^q$　(4) $(a^p)^q = a^{pq}$　(5) $(ab)^p = a^p b^p$

実は，$p \in \mathbb{R}$ の場合でも，$a > 0$ に対して a^p が定義できる．このときも，定理 1.7 は成立する．

例題 1.7　次の式を整理して，その値を求めなさい．

(1) $2^3 \times 2^4$　　(2) 125×35^{-2}

解答　(1) $2^3 \times 2^4 = 2^7 = 128$

(2) $125 \times 35^{-2} = 5^3 \times 5^{-2} \times 7^{-2} = 5 \times 7^{-2} = \dfrac{5}{49}$

例題 1.8　次の方程式を解きなさい．

(1) $3^{2x-1} = 81$　　(2) $4^x - 2^x - 2 = 0$

解答　(1) $81 = 3^4$ より，$3^{2x-1} = 81 = 3^4$．よって，両辺の指数を比較して $2x - 1 = 4$，すなわち $x = \dfrac{5}{2}$．

(2) $4^x = (2^x)^2$ である．よって，$X = 2^x$ とおいて方程式 $X^2 - X - 2 = 0$ を解けばよい．

$$X^2 - X - 2 = 0 \iff (X+1)(X-2) = 0$$

ゆえに，$X = -1, 2$．ここで，$X = 2^x > 0$ より，$X = -1$ は不適．したがって，$2^x = 2$，すなわち，$x = 1$．

指数関数のグラフは次のようになっている．

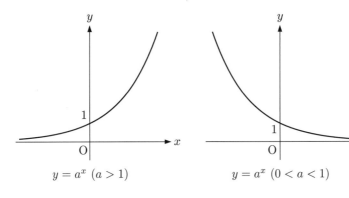

$y = a^x \ (a > 1)$　　　　　$y = a^x \ (0 < a < 1)$

演習問題

1.7　次の式を簡単にし，その値を求めなさい.

(1) $3^3 \times 9$　　　(2) $3^{-5} \times 3^7$　　　(3) $\sqrt[6]{4^3}$　　　(4) $4^{\frac{5}{2}}$

(5) $25^{-\frac{1}{2}}$　　　(6) $2^{\sqrt{4}}$　　　(7) $3 \times \left(\dfrac{1}{3}\right)^3$　　　(8) 24×2^3

(9) $\dfrac{1}{5} \times 35^2$　　　(10) $2^{10} \times 4^{-5}$　　　(11) $6^5 \times 3^{-4}$　　　(12) $22^3 \div 121$

1.8　次の方程式を解きなさい.

(1) $x^2 + 5x + 4 = 0$　　　(2) $x^2 + x - 1 = 0$　　　(3) $2^{2x+1} = 4$

(4) $6 \cdot 2^x = 24$　　　(5) $9^x - 3^x - 6 = 0$　　　(6) $2^{2x+1} - 5 \cdot 2^x - 12 = 0$

1.4　対数関数

指数関数 $y = a^x$ は，x の値を決めたときの y の値に注目する．それとは逆に，対数関数は y の値を先に決めたときの x の値に注目する関数である．実際，どんなに巨大な数 y でも，$y = a \times 10^x$ という形で表せば，比較的小さな数 x で y の巨大さや極小さを理解することができる．このアイディアは，地震のエネルギーの大きさ，星の明るさ，原子の大きさなどに広く活用されている．対数関数を扱う上でのポイントは，対数法則と底の変換公式だけである．特に，対数法則は指数法則とセットで覚えよう．

定義 1.6 (対数関数)

$a > 0$, $a \neq 1$ とする．指数関数 $y = a^x$ に対して，x を "底を a とする y の**対数**" と呼び，$x = \log_a y$ と表す．また，$f(x) = \log_a x$ で定義される関数を**対数関数**と呼ぶ.

 対数関数 $\log_a x$ は $x > 0$ のときしか定義されない．これを**真数条件**という.

対数関数のグラフは次のようになっている.

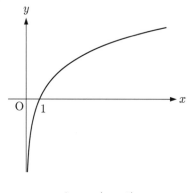

$y = \log_a x \ (a > 1)$

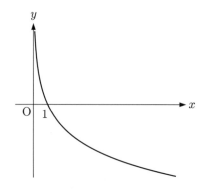

$y = \log_a x \ (0 < a < 1)$

定理 **1.8** (対数法則)

$a > 0,\ a \neq 1$ とする．$x, y > 0,\ r \in \mathbb{R}$ に対して次が成り立つ．

(1) $\log_a xy = \log_a x + \log_a y$ (2) $\log_a x^r = r \log_a x$

(3) $\log_a \dfrac{x}{y} = \log_a x - \log_a y$

注意 任意の $a > 0,\ a \neq 1$ に対して，$\log_a 1 = 0,\ \log_a a = 1$ である．

定理 **1.9** (底の変換公式)

$a > 0,\ b > 0,\ c > 0,\ b \neq 1, c \neq 1$ とする．次が成り立つ．

$$\log_b a = \frac{\log_c a}{\log_c b}$$

例題 1.9 次の式を $\log_2 3$, $\log_2 5$，もしくは整数を使って表しなさい．

(1) $\log_2 10$ (2) $\log_5 \sqrt{3}$

解答 (1) 定理 1.8 の (1) より，$\log_2 10 = \log_2 2 + \log_2 5 = 1 + \log_2 5$．

(2) 定理 1.8 の (2) と定理 1.9 から，$\log_5 \sqrt{3} = \dfrac{1}{2} \log_5 3 = \dfrac{\log_2 3}{2 \log_2 5}$．

例題 1.10 方程式 $\log_2 (x - 1) + \log_2 (2x + 1) = 1$ を解きなさい．

解答 定理 1.8 の (1) より，

$$\begin{aligned}
\log_2 (x - 1) + \log_2 (2x + 1) = 1 &\iff \log_2 (x-1)(2x+1) = \log_2 2 \\
&\iff (x-1)(2x+1) = 2 \\
&\iff (x+1)(2x-3) = 0
\end{aligned}$$

よって，$x = -1, \dfrac{3}{2}$．ここで，真数条件から $x - 1 > 0,\ 2x + 1 > 0$．すなわち，$x > 1$ であるので，$x = -1$ は不適．ゆえに $x = \dfrac{3}{2}$．

例題 1.11 近似値 $\log_{10} 2 = 0.3010,\ \log_{10} 3 = 0.4771$ を用いて，次の値を小数第 5 位で四捨五入した値を求めなさい．

(1) $\log_{10} 5$ (2) $\log_8 6$

解答 (1) $\log_{10} 5 = \log_{10} \dfrac{10}{2} = \log_{10} 10 - \log_{10} 2 = 1 - 0.3010 = 0.6990$

(2) $\log_8 6 = \dfrac{\log_{10} 6}{\log_{10} 8} = \dfrac{\log_{10} 2 + \log_{10} 3}{3 \log_{10} 2} = \dfrac{0.3010 + 0.4771}{3 \times 0.3010} = \dfrac{0.7781}{0.9030} = 0.8617$

> **例題 1.12**　近似値 $\log_{10} 2 = 0.3010$ を用いて，2^{40} の桁数を求めなさい．

解答　$x = 2^{40}$ とおく．両辺に底を 10 とする対数をとると，
$$\log_{10} x = \log_{10} 2^{40} = 40 \times \log_{10} 2 = 40 \times 0.3010 = 12.04$$

よって，対数の定義から $x = 10^{12.04}$ すなわち，$10^{12} < x < 10^{13}$ であるので，2^{40} は 13 桁の数である．

演習問題

1.9　次の式を $\log_2 3$，$\log_2 5$，もしくは整数を使って表しなさい．

(1) $\log_2 15$　　　　(2) $\log_2 6$　　　　(3) $\log_2 \dfrac{3}{5}$　　　　(4) $\log_2 \dfrac{1}{2}$

(5) $\log_2 \dfrac{15}{4}$　　　(6) $\log_3 5$　　　　(7) $\log_{15} 2$　　　　(8) $\log_8 10$

(9) $\log_5 \dfrac{25}{4}$　　　(10) $\log_5 \sqrt{3}$　　　(11) $\log_2 \sqrt[5]{15}$　　　(12) $2^{\log_2 3}$

1.10　次の方程式を解きなさい．

(1) $\log_3 (x + 2) = 0$　　　　　　(2) $\log_3 (x^2 + 1) = \log_9 (x^2 + 2x + 1)$

(3) $(\log_2 x)^2 + \log_2 x - 6 = 0$　　　(4) $\log_2 x = \log_x 2$

1.5　関数の極限

関数 $f(x)$ において，x をある値に限りなく近づけるというアイディアは，一見して直観的に受け入れやすい．しかしながら，丁寧に計算をしてみないと $f(x)$ がどのような値に近づいていくのか (あるいはどの値にも近づかないのか) 判別できない場合も数多くみられる．本節では，直観的にわかる極限の計算を使って，そうでない極限の計算例を紹介する．なお，直観的にわかる極限の計算であっても，実際には，より厳密な方法を用いて証明しなければならないが，それは本書のレベルを超えてしまうため省略する．

> **定義 1.7** (関数の極限)
> 　関数 $f(x)$ において，x を a に限りなく近づけたとき，$f(x)$ が α に限りなく近づくとする．このとき，α を $f(x)$ の $x = a$ における**極限値**と呼び，次のように表す．
> $$\lim_{x \to a} f(x) = \alpha$$

注意　x を a に限りなく近づけたとき，$f(x)$ が限りなく大きくなるとする．このとき，$\lim\limits_{x \to a} f(x) = +\infty$ と表す ($+\infty$ は数ではない)．また，$\lim\limits_{x \to a} f(x) = -\infty$ も同様である．

定理 1.10 (極限値の性質)

関数 $f(x)$, $g(x)$ が

$$\lim_{x \to a} f(x) = \alpha, \quad \lim_{x \to a} g(x) = \beta \qquad (\alpha, \beta \text{ は有限値とする})$$

をみたしているとき，次が成り立つ．

(1) $\displaystyle \lim_{x \to a} \{c_1 f(x) + c_2 g(x)\} = c_1 \alpha + c_2 \beta$ 　　(2) $\displaystyle \lim_{x \to a} f(x) g(x) = \alpha \beta$

(3) $\displaystyle \lim_{x \to a} \frac{f(x)}{g(x)} = \frac{\alpha}{\beta} \quad (\beta \neq 0)$ 　　(4) $f(x) \leqq g(x)$ ならば，$\alpha \leqq \beta$

例題 1.13 次の極限値を求めなさい．

(1) $\displaystyle \lim_{x \to 2} (x^2 + 3x - 1)$ 　　(2) $\displaystyle \lim_{x \to 2} \frac{x^2 - 3x + 2}{x - 2}$ 　　(3) $\displaystyle \lim_{x \to +\infty} \left(\sqrt{x+1} - \sqrt{x} \right)$

(4) $\displaystyle \lim_{x \to +\infty} \frac{x^2 + 2x + 1}{x^2 - 1}$ 　　(5) $\displaystyle \lim_{x \to \infty} \frac{2^x - 3^{x+1}}{3^x + 2^x}$ 　　(6) $\displaystyle \lim_{x \to \infty} (3^x + 5^x)^{\frac{1}{x}}$

解答 　(1) $\displaystyle \lim_{x \to 2} (x^2 + 3x - 1) = 2^2 + 3 \times 2 - 1 = 9$

(2) $\displaystyle \lim_{x \to 2} \frac{x^2 - 3x + 2}{x - 2} = \lim_{x \to 2} \frac{(x-2)(x-1)}{(x-2)} = \lim_{x \to 2} (x - 1) = 1$

(3) $\displaystyle \lim_{x \to +\infty} \left(\sqrt{x+1} - \sqrt{x} \right) = \lim_{x \to +\infty} \frac{x + 1 - x}{\sqrt{x+1} + \sqrt{x}} = \lim_{x \to +\infty} \frac{1}{\sqrt{x+1} + \sqrt{x}} = 0$

(4) $\displaystyle \lim_{x \to +\infty} \frac{x^2 + 2x + 1}{x^2 - 1} = \lim_{x \to +\infty} \frac{1 + 2\frac{1}{x} + \frac{1}{x^2}}{1 - \frac{1}{x^2}} = 1$

(5) $r \in (0, 1)$ のとき，$\displaystyle \lim_{x \to +\infty} r^x = 0$ であることに注意しよう．

$$\lim_{x \to \infty} \frac{2^x - 3^{x+1}}{3^x + 2^x} = \lim_{x \to \infty} \frac{\left(\frac{2}{3}\right)^x - 3}{1 + \left(\frac{2}{3}\right)^x} = -3$$

(6) $\displaystyle \lim_{x \to \infty} (3^x + 5^x)^{\frac{1}{x}} = \lim_{x \to \infty} \left[5^x \left\{ \left(\frac{3}{5} \right)^x + 1 \right\} \right]^{\frac{1}{x}} = \lim_{x \to \infty} 5 \left\{ \left(\frac{3}{5} \right)^x + 1 \right\}^{\frac{1}{x}} = 5$

定理 1.11 (はさみうちの原理)

関数 $f(x)$, $g(x)$, $h(x)$ が

$$f(x) \leqq g(x) \leqq h(x) \text{ かつ } \lim_{x \to a} f(x) = \lim_{x \to a} h(x) = \alpha$$

ならば，$\displaystyle \lim_{x \to a} g(x) = \alpha$．

例題 1.14 極限値 $\displaystyle \lim_{x \to \infty} \frac{\sin x}{x}$ を求めなさい．

解答 　$-\dfrac{1}{x} \leqq \dfrac{\sin x}{x} \leqq \dfrac{1}{x}$，また，$\displaystyle \lim_{x \to \infty} \left(-\frac{1}{x} \right) = \lim_{x \to \infty} \frac{1}{x} = 0$．よって，はさみうちの原

理から $\displaystyle\lim_{x\to\infty}\frac{\sin x}{x}=0$.

定義 1.8 (右極限・左極限)

(1) 関数 $f(x)$ と実数 a に対して，x を $a < x$ としながら a に限りなく近づけたときの極限値を，$f(x)$ の $x = a$ における**右極限値**と呼び，次のように表す．
$$\lim_{x\to a+0} f(x)$$

(2) $x < a$ としたときの極限値を $f(x)$ の $x = a$ における**左極限値**と呼び，次のように表す．
$$\lim_{x\to a-0} f(x)$$

特に，$a = 0$ のときは，$\displaystyle\lim_{x\to +0} f(x)$ や $\displaystyle\lim_{x\to -0} f(x)$ と省略して書くこともある．

例題 1.15　関数 $f(x)$ について，$\displaystyle\lim_{x\to +0} f(x)$, $\displaystyle\lim_{x\to -0} f(x)$, $\displaystyle\lim_{x\to 0} f(x)$ を求めなさい．

(1) $f(x) = \dfrac{1}{x}$　　(2) $f(x) = \dfrac{|x|}{x}$

解答　(1) $y = \dfrac{1}{x}$ のグラフから，$\displaystyle\lim_{x\to +0}\frac{1}{x} = +\infty$, $\displaystyle\lim_{x\to -0}\frac{1}{x} = -\infty$. また，右極限と左極限が一致しないため，単に x を 0 に近づけただけの極限は存在しない．すなわち，$\displaystyle\lim_{x\to 0}\frac{1}{x}$ は存在しない．

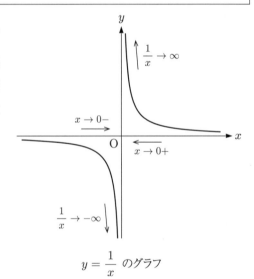

$y = \dfrac{1}{x}$ のグラフ

(2) 最初に $\displaystyle\lim_{x\to +0}\frac{|x|}{x}$ を求める．このときは $x > 0$ としながら x を 0 に近づけるので，$|x| = x$. よって，
$$\lim_{x\to +0}\frac{|x|}{x} = \lim_{x\to +0}\frac{x}{x} = 1$$

次に $\displaystyle\lim_{x\to -0}\frac{|x|}{x}$ を求める．このときは $x < 0$ としながら x を 0 に近づけるので，$|x| = -x$.

よって,

$$\lim_{x \to -0} \frac{|x|}{x} = \lim_{x \to -0} \frac{-x}{x} = -1$$

最後に, 右極限と左極限が一致しないため, 単に x を 0 に近づけただけの極限は存在しない. すなわち, $\lim_{x \to 0} \frac{|x|}{x}$ は存在しない.

　右極限値と左極限値が一致した場合, その値は通常の極限値と一致する. $x \in \mathbb{R}$ に対して, $[x]$ を x 以下の最大の整数とする (これを x の**ガウス記号**と呼ぶ). ガウス記号の関数 $y = [x]$ のグラフは次のようになる.

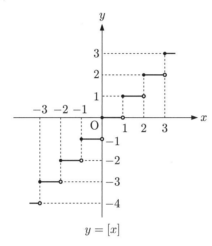

$$y = [x]$$

例題 1.16　次の極限値を求めなさい.

(1) $\displaystyle\lim_{x \to 1+0}[x]$　　　(2) $\displaystyle\lim_{x \to 1-0}[x]$　　　(3) $\displaystyle\lim_{x \to -2+0}([x]^2 - [x^2])$　　　(4) $\displaystyle\lim_{x \to -2-0}([x]^2 - [x^2])$

解答　(1) $\displaystyle\lim_{x \to 1+0}[x]$ は $x > 1$ としながら x を 1 に近づけるので, x が十分 1 に近ければ $[x] = 1$. よって, $\displaystyle\lim_{x \to 1+0}[x] = 1$.

(2) $\displaystyle\lim_{x \to 1-0}[x]$ は $x < 1$ としているので, x をどんなに 1 に近づけても $[x] = 0$. よって, $\displaystyle\lim_{x \to 1-0}[x] = 0$.

(3) $\displaystyle\lim_{x \to -2+0}([x]^2 - [x^2])$ は $x > -2$ としながら x を -2 に近づけるので, x が十分 -2 に近ければ $[x] = -2$, よって $[x]^2 = 4$. 一方, $x > -2$ より, $x^2 < 4$ なので, x を -2 に近づけても $[x^2] = 3$. ゆえに, $\displaystyle\lim_{x \to -2+0}([x]^2 - [x^2]) = 4 - 3 = 1$.

(4) $\displaystyle\lim_{x \to -2-0}([x]^2 - [x^2])$ は $x < -2$ としているので, x をどんなに -2 に近づけても $[x] = -3$, よって $[x]^2 = 9$. 一方, $x < -2$ より, $x^2 > 4$ なので, x を -2 に近づければ $[x^2] = 4$. ゆえに, $\displaystyle\lim_{x \to -2+0}([x]^2 - [x^2]) = 9 - 4 = 5$.

例題 1.17 $\displaystyle\lim_{x\to 0}\frac{\sin x}{x}=1$ を示しなさい.

解答   最初に $\displaystyle\lim_{x\to +0}\frac{\sin x}{x}$ の値を求める. 右図の
△OAB, 扇形 OAB, △OAC の面積の大小関係か
ら次の不等式を得る.

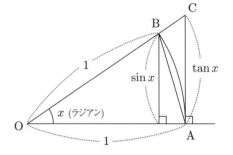

$$\frac{1}{2}\sin x \leqq \frac{x}{2} \leqq \frac{1}{2}\tan x$$

よって, すべての辺を $\sin x$ で割れば,

$$\frac{1}{2} \leqq \frac{x}{2\sin x} \leqq \frac{1}{2\cos x}$$

ゆえに, $x\to +0$ とすれば, はさみうちの原理から $\displaystyle\lim_{x\to +0}\frac{\sin x}{x}=1$ を得る.

次に $\displaystyle\lim_{x\to -0}\frac{\sin x}{x}$ の値を求める. $t=-x$ とおくと, $x\to -0$ より $t\to +0$. よって,

$$\lim_{x\to -0}\frac{\sin x}{x}=\lim_{t\to +0}\frac{\sin(-t)}{-t}=\lim_{t\to +0}\frac{\sin t}{t}=1$$

ゆえに, $\displaystyle\lim_{x\to 0}\frac{\sin x}{x}=1$.

例題 1.18   次の極限値を求めなさい.
(1) $\displaystyle\lim_{x\to 0}\frac{\sin 2x}{x}$ (2) $\displaystyle\lim_{x\to 0}\frac{x+\sin x}{2x-\sin 5x}$

解答   どちらも例題 1.17 の形に変形をすればよい.

(1) $\displaystyle\lim_{x\to 0}\frac{\sin 2x}{x}=\lim_{x\to 0}\frac{\sin 2x}{2x}\cdot 2=2$

(2) $\displaystyle\lim_{x\to 0}\frac{x+\sin x}{2x-\sin 5x}=\lim_{x\to 0}\frac{1+\frac{\sin x}{x}}{2-\frac{\sin 5x}{x}}=\lim_{x\to 0}\frac{1+\frac{\sin x}{x}}{2-\frac{\sin 5x}{5x}\cdot 5}=\frac{1+1}{2-5}=-\frac{2}{3}$

定理 1.12 (単調関数の極限)

$f(x)$ を関数とする. 数列 $\{x_n\}_{n=1}^{\infty}$ に対して,
$$f(x_1)\leqq \cdots \leqq f(x_n)\leqq \cdots$$
であり, かつ $f(x_n)\leqq M\ (n=1,2,\ldots)$ となる有限値 M が存在すれば, $\displaystyle\lim_{n\to\infty}f(x_n)$ は存在する. また,
$$f(x_1)\geqq \cdots \geqq f(x_n)\geqq \cdots$$
であり, かつ $f(x_n)\geqq M\ (n=0,1,2,\ldots)$ となる有限値 M が存在する場合も同様.

定義 **1.9**

(1) $\{x_n\}_{n=1}^{\infty}$ を数列とする.$x_1 \leqq x_2 \leqq \cdots \leqq x_n \leqq \cdots$ をみたす数列 $\{x_n\}_{n=1}^{\infty}$ を**単調増加列**と呼ぶ.

(2) $f(x)$ を関数とする.$x \leqq y$ となる任意の x, y に対して,常に $f(x) \leqq f(y)$ が成り立つとき,$f(x)$ を**単調増加関数**と呼ぶ.

単調減少列や単調減少関数も同様に定義できる.

例題 1.19 一般項が $a_n = \left(1 + \dfrac{1}{n}\right)^n$ である数列が極限値をもつことを示しなさい.

解答 定理 1.12 から,数列 $\{a_n\}_{n=1}^{\infty}$ が (1) 単調増加列であること,(2) すべての n に対して $a_n \leqq M$ となる有限値 M が存在することを示せばよい.

(1) $\{a_n\}_{n=1}^{\infty}$ が単調増加であることを示す (すなわち $a_n \leqq a_{n+1}$ を示す).

二項定理から

$$a_n = \left(1 + \frac{1}{n}\right)^n$$
$$= 1 + n \cdot \frac{1}{n} + \frac{n(n-1)}{2!}\frac{1}{n^2} + \frac{n(n-1)(n-2)}{3!}\frac{1}{n^3} + \cdots + \frac{n(n-1)\cdots 1}{n!}\frac{1}{n^n}$$
$$= 2 + \frac{1}{2!}\left(1 - \frac{1}{n}\right) + \frac{1}{3!}\left(1 - \frac{1}{n}\right)\left(1 - \frac{2}{n}\right) + \cdots$$
$$\quad + \frac{1}{n!}\left(1 - \frac{1}{n}\right)\left(1 - \frac{2}{n}\right)\cdots\left(1 - \frac{n-1}{n}\right)$$
$$\leqq 2 + \frac{1}{2!}\left(1 - \frac{1}{n+1}\right) + \frac{1}{3!}\left(1 - \frac{1}{n+1}\right)\left(1 - \frac{2}{n+1}\right) + \cdots$$
$$\quad + \frac{1}{n!}\left(1 - \frac{1}{n+1}\right)\left(1 - \frac{2}{n+1}\right)\cdots\left(1 - \frac{n-1}{n+1}\right)$$
$$\quad + \frac{1}{(n+1)!}\left(1 - \frac{1}{n+1}\right)\left(1 - \frac{2}{n+1}\right)\cdots\left(1 - \frac{n}{n+1}\right) = a_{n+1}$$

よって,$a_n \leqq a_{n+1}$ となり,数列 $\{a_n\}_{n=1}^{\infty}$ は単調増加列である.

(2) すべての n に対して $a_n \leqq M$ となる有限値 M が存在することを示す.

(1) の計算から

$$a_n = 2 + \frac{1}{2!}\left(1 - \frac{1}{n}\right) + \frac{1}{3!}\left(1 - \frac{1}{n}\right)\left(1 - \frac{2}{n}\right) + \cdots$$
$$\quad + \frac{1}{n!}\left(1 - \frac{1}{n}\right)\left(1 - \frac{2}{n}\right)\cdots\left(1 - \frac{n-1}{n}\right)$$
$$\leqq 2 + \frac{1}{2!} + \frac{1}{3!} + \cdots + \frac{1}{n!}$$
$$\leqq 2 + \frac{1}{2} + \frac{1}{2^2} + \cdots + \frac{1}{2^n} = 2 + \frac{1}{2} \cdot \frac{1 - (\frac{1}{2})^n}{1 - \frac{1}{2}} = 3 - \left(\frac{1}{2}\right)^n \leqq 3$$

よって,すべての n に対して $a_n \leqq 3$.

ゆえに,定理 1.12 から $\displaystyle\lim_{n \to \infty}\left(1 + \frac{1}{n}\right)^n$ が存在する.

注意 $\displaystyle\lim_{n\to\infty}\left(1+\dfrac{1}{n}\right)^n$ が存在することは示すことができたが，極限値を具体的に求めることはできない．そこで，その極限値を e という文字で表すことにする．

定義 1.10 (ネイピアの数)

数列 $\left\{\left(1+\dfrac{1}{n}\right)^n\right\}_{n=1}^{\infty}$ は単調増加列であり，極限 $\displaystyle\lim_{n\to\infty}\left(1+\dfrac{1}{n}\right)^n$ が存在する．その極限値を e で表し，**ネイピアの数**と呼ぶ．すなわち，

$$\lim_{n\to\infty}\left(1+\frac{1}{n}\right)^n = e$$

ネイピアの数は $e = 2.71828\cdots$ であることが，コンピュータによる近似計算からわかる．今後，本書では特に断らない限り，対数の底を e とし，$\log x$ のように底を省略して表す．

例題 1.20　次を示しなさい．

(1) $\displaystyle\lim_{x\to-\infty}\left(1+\frac{1}{x}\right)^x = e$　　(2) $\displaystyle\lim_{x\to0}(1+x)^{\frac{1}{x}} = e$　　(3) $\displaystyle\lim_{x\to0}\frac{e^x-1}{x} = 1$

解答　(1) $x = -t$ とおく．$x \to -\infty$ より $t \to +\infty$．また，

$$\begin{aligned}
\left(1+\frac{1}{x}\right)^x &= \left(1-\frac{1}{t}\right)^{-t} \\
&= \left(\frac{t-1}{t}\right)^{-t} \\
&= \left(\frac{t}{t-1}\right)^{t} \\
&= \left(1+\frac{1}{t-1}\right)^{t} \\
&= \left\{\left(1+\frac{1}{t-1}\right)^{t-1}\right\}^{\frac{t}{t-1}}
\end{aligned}$$

ゆえに，定義 1.10 より

$$\lim_{x\to-\infty}\left(1+\frac{1}{x}\right)^x = \lim_{t\to+\infty}\left\{\left(1+\frac{1}{t-1}\right)^{t-1}\right\}^{\frac{t}{t-1}} = e$$

(2) $t = \dfrac{1}{x}$ とおく．このとき，$x \to 0$ なので $t \to \pm\infty$ である．ここで，定義 1.10 と (1) から，

$$\lim_{x\to0}(1+x)^{\frac{1}{x}} = \lim_{t\to\pm\infty}\left(1+\frac{1}{t}\right)^t = e$$

(3) $e^x - 1 = t$ とおく．このとき，$e^x = t+1$ から $x = \log(t+1)$．また，$x \to 0$ のとき $t \to 0$ である．よって，(2) から

$$\lim_{x\to0}\frac{e^x-1}{x} = \lim_{t\to0}\frac{t}{\log(t+1)} = \lim_{t\to0}\frac{1}{\log(1+t)^{\frac{1}{t}}} = \frac{1}{\log e} = 1$$

(3) では，厳密には関数 $e^x - 1$ や $\log x$ が連続関数であることを利用している (定義 1.11 も参照のこと)．

例題 **1.21** 次の極限値を求めなさい.

(1) $\displaystyle\lim_{x\to\infty}\left(1+\frac{3}{2x}\right)^{5x}$ (2) $\displaystyle\lim_{x\to0}\left(1-\frac{x}{2}\right)^{\frac{1}{3x}}$ (3) $\displaystyle\lim_{x\to0}\frac{e^{2x}-1}{3x}$

解答 いずれの問題も定義 1.10 を使う.

(1) $\dfrac{3}{2x}=\dfrac{1}{t}$ とおくと, $x=\dfrac{3}{2}t$. よって,

$$\lim_{x\to\infty}\left(1+\frac{3}{2x}\right)^{5x}=\lim_{t\to\infty}\left(1+\frac{1}{t}\right)^{\frac{15}{2}t}=\lim_{t\to\infty}\left\{\left(1+\frac{1}{t}\right)^{t}\right\}^{\frac{15}{2}}=e^{\frac{15}{2}}$$

(2) 例題 1.20 の (2) を公式として使う. $-\dfrac{x}{2}=t$ とおくと, $x=-2t$. よって,

$$\lim_{x\to0}\left(1-\frac{x}{2}\right)^{\frac{1}{3x}}=\lim_{t\to0}(1+t)^{-\frac{1}{6t}}=\lim_{t\to0}\left\{(1+t)^{\frac{1}{t}}\right\}^{-\frac{1}{6}}=e^{-\frac{1}{6}}$$

(3) 例題 1.20 の (3) を公式として使う. $\displaystyle\lim_{x\to0}\frac{e^{2x}-1}{3x}=\lim_{x\to0}\frac{e^{2x}-1}{2x}\cdot\frac{2}{3}=\frac{2}{3}$

演習問題

1.11 次の極限値を求めなさい.

(1) $\displaystyle\lim_{x\to-1}(3x+1)$ (2) $\displaystyle\lim_{x\to2}(2x^2+3x-1)$ (3) $\displaystyle\lim_{x\to\infty}\frac{1}{x+1}$

(4) $\displaystyle\lim_{x\to\infty}\frac{1-3x}{2x-1}$ (5) $\displaystyle\lim_{x\to\infty}\frac{x}{x^2+1}$ (6) $\displaystyle\lim_{x\to\infty}\frac{2x^2-1}{x^2+2x+1}$

(7) $\displaystyle\lim_{x\to\infty}(\sqrt{x^2+x}-x)$ (8) $\displaystyle\lim_{x\to\infty}\frac{\sqrt{x}+2}{x+4}$ (9) $\displaystyle\lim_{x\to\infty}\frac{2x+1+(-1)^{[x]}}{x}$

(10) $\displaystyle\lim_{x\to\infty}\frac{1}{\sqrt{x+2}-\sqrt{x}}$ (11) $\displaystyle\lim_{x\to\infty}\frac{1}{\sqrt{x}-\sqrt{x+1}}$ (12) $\displaystyle\lim_{x\to\infty}\sqrt{x}(\sqrt{x+1}-\sqrt{x})$

(13) $\displaystyle\lim_{x\to\infty}\frac{2^x+1}{3^x-1}$ (14) $\displaystyle\lim_{x\to\infty}\frac{4\cdot10^x-3}{2\cdot10^x+1}$ (15) $\displaystyle\lim_{x\to\infty}\frac{2\cdot3^x+3}{3^x+2^x}$

(16) $\displaystyle\lim_{x\to\infty}\left(1+\frac{3}{x}\right)^x$ (17) $\displaystyle\lim_{x\to\infty}\left(1+\frac{1}{2x}\right)^{4x}$ (18) $\displaystyle\lim_{x\to\infty}\left(\frac{4+x}{x}\right)^{3x}$

(19) $\displaystyle\lim_{x\to\infty}\sqrt[x]{3^x+4^x}$ (20) $\displaystyle\lim_{x\to\infty}\sqrt[x]{2\cdot3^x+3\cdot2^x}$ (21) $\displaystyle\lim_{x\to0}\cos\frac{\pi x}{2}$

(22) $\displaystyle\lim_{x\to\infty}\frac{x}{x+\sin x}$ (23) $\displaystyle\lim_{x\to\infty}x\log\left(\frac{x+1}{x}\right)$ (24) $\displaystyle\lim_{x\to\infty}\frac{\cos x}{x}$

1.12 次の極限値を求めなさい.

(1) $\displaystyle\lim_{x\to1}\frac{x^2-2x+1}{x-1}$ (2) $\displaystyle\lim_{x\to2}\frac{x^2-3x+2}{x^2-4}$ (3) $\displaystyle\lim_{x\to3}\frac{x^2+x-12}{x^2-5x+6}$

(4) $\displaystyle\lim_{x\to\infty}\left(1+\frac{2}{x}\right)^x$ (5) $\displaystyle\lim_{x\to-\infty}\left(1+\frac{3}{2x}\right)^{4x}$ (6) $\displaystyle\lim_{x\to0}(1+\sin x)^{\frac{2}{x}}$

(7) $\displaystyle\lim_{x\to0}\frac{\sin x}{4x}$ (8) $\displaystyle\lim_{x\to0}\frac{\sin2x}{x}$ (9) $\displaystyle\lim_{x\to\infty}x\sin\frac{1}{x}$

(10) $\displaystyle\lim_{x\to0}\frac{3x+\sin2x}{2x+\sin x}$ (11) $\displaystyle\lim_{x\to0}\frac{e^{2x}-1}{x}$ (12) $\displaystyle\lim_{x\to\infty}x(e^{\frac{1}{x}}-1)$

(13) $\displaystyle\lim_{x\to0}\frac{e^x-1}{\sin x}$ (14) $\displaystyle\lim_{x\to0}\frac{3^x-2^x}{x}$ (15) $\displaystyle\lim_{x\to0}\frac{1-\cos2x}{x^2}$

(16) $\displaystyle\lim_{x\to 0}\frac{\log(1+x)}{2x}$ (17) $\displaystyle\lim_{x\to\infty}(\sqrt{x^2+5x}-x)$ (18) $\displaystyle\lim_{x\to 0}\frac{\cos 3x-\cos 2x}{x^2}$

(19) $\displaystyle\lim_{x\to 1}\frac{\sqrt{x}-1}{x-1}$ (20) $\displaystyle\lim_{x\to\infty}\left(\frac{x+3}{3x}\right)^x$ (21) $\displaystyle\lim_{x\to 0}\frac{\tan x}{x}$

(22) $\displaystyle\lim_{x\to 0}\frac{1-\cos x}{1-\cos 2x}$ (23) $\displaystyle\lim_{x\to\frac{\pi}{3}}\frac{\sin x-\sqrt{3}\cos x}{x-\frac{\pi}{3}}$ (24) $\displaystyle\lim_{x\to 0}\frac{e^{2x}-1}{e^x-1}$

1.13 次の極限値を求めなさい.

(1) $\displaystyle\lim_{x\to 2+0}x^2$ (2) $\displaystyle\lim_{x\to 1-0}\frac{x^2-2x+1}{x-1}$ (3) $\displaystyle\lim_{x\to +0}\left(-\frac{1}{x}\right)$ (4) $\displaystyle\lim_{x\to 2-0}\frac{2}{x-2}$

(5) $\displaystyle\lim_{x\to +0}\log x$ (6) $\displaystyle\lim_{x\to 1+0}[x]$ (7) $\displaystyle\lim_{x\to 1-0}[x]$ (8) $\displaystyle\lim_{x\to 1+0}\frac{|x-1|}{-x+1}$

(9) $\displaystyle\lim_{x\to -0}\frac{1}{|x|}$ (10) $\displaystyle\lim_{x\to -0}\left(-\frac{x}{|x|}\right)$ (11) $\displaystyle\lim_{x\to 2-0}\frac{x}{[x]}$ (12) $\displaystyle\lim_{x\to 1-0}[[x]+x]$

1.6 連続関数

連続関数は,微分積分学において最も重要な関数である.連続関数は切れ目をもたないグラフとしてイメージできるが,数式で定義すると,その意味がわかりにくいかもしれない.連続関数の定義が,なぜ切れ目のないグラフを表しているのかよく考えてみよう.また,連続関数のもつ重要な性質も紹介する.これらの性質に対しても,図形的なイメージをしっかりと理解しよう.

> **定義 1.11** (連続関数)
>
> 関数 $f(x)$ が
> $$\lim_{x\to a}f(x)=f(a)$$
> をみたすとき,$f(x)$ は $x=a$ で**連続**であるという.また,$f(x)$ が定義域内のすべての x で連続のとき,$f(x)$ を**連続関数**と呼ぶ.

本書では,関数 $f(x)$ がある実数の区間 I で連続であるとき,$f\in C^0(I)$ という記号を使うこともある.

例題 1.22 次の関数 $f(x)$ が指定された x で連続であるか調べなさい.

(1) $f(x)=-x^2+x-1,\ (x=2)$ (2) $f(x)=\dfrac{x^2-5x+6}{x-3},\ (x=3)$

(3) $f(x)=\begin{cases}\dfrac{\sin x}{x} & (x\neq 0)\\ 1 & (x=0)\end{cases},\ (x=0)$

(4) $f(x)=\begin{cases}\dfrac{x^2-1}{x-1} & (x\neq 1)\\ 0 & (x=1)\end{cases},\ (x=1)$

解答 (1) $\displaystyle\lim_{x\to 2}(-x^2+x-1)=-3,\ f(2)=-3$ より,$\displaystyle\lim_{x\to 2}f(x)=f(2)$ が成り立つ.よっ

て，$f(x)$ は $x = 2$ で連続である.

(2) $f(3) = \dfrac{0}{0}$ は定義されないので，$f(x)$ は $x = 3$ で連続ではない.

(3) $\displaystyle \lim_{x \to 0} f(x) = \lim_{x \to 0} \dfrac{\sin x}{x} = 1$, $f(0) = 1$ より，$\displaystyle \lim_{x \to 0} f(x) = f(0)$ が成り立つ. よって，$f(x)$ は $x = 0$ で連続である.

(4)
$$\lim_{x \to 1} f(x) = \lim_{x \to 1} \frac{x^2 - 1}{x - 1}$$
$$= \lim_{x \to 1} \frac{(x+1)(x-1)}{x-1} = \lim_{x \to 1}(x+1) = 2$$

一方，$f(1) = 0$ より $\displaystyle \lim_{x \to 1} f(x) \neq f(1)$. よって，$f(x)$ は $x = 1$ で連続ではない.

定理 1.13 (中間値の定理)

　関数 $f(x) \in C^0([a,b])$ が $f(a) \neq f(b)$ をみたすとする. このとき，$f(a)$ と $f(b)$ の間の任意の数 k に対して，$k = f(c)$ となる $c \in [a,b]$ が存在する.

中間値の定理の図形的なイメージは次の通りである.

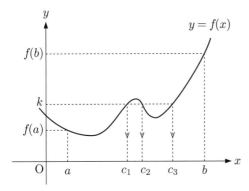

$f(c_1) = f(c_2) = f(c_3) = k$ となる
$c_1, c_2, c_3 \in [a,b]$ が存在する
(一意的とは限らない)

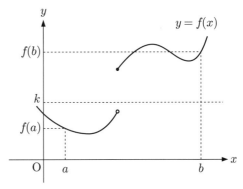

$f(x)$ が $[a,b]$ で不連続の場合，
$f(c) = k$ となる c が存在しないこともある

例題 1.23　方程式 $x \sin x - \cos x = 0$ が区間 $[0,1]$ で解をもつことを示しなさい.

解答　$f(x) = x \sin x - \cos x$ とおいて，$f(x) = 0$ となる $x \in [0,1]$ が存在することを示せばよい.

　最初に，$f(x)$ が区間 $[0,1]$ で連続であることはすぐにわかる. 次に，$f(0) = -1 < 0$ である. また，定理 1.5 と，$0 < 1 - \dfrac{\pi}{4} < 1 < \pi$ から，

$$f(1) = \sin 1 - \cos 1 = \sqrt{2} \sin \left(1 - \frac{\pi}{4}\right) > 0$$

よって，中間値の定理より，$f(x) = 0$ となる $x \in [0,1]$ が存在する.

例題 1.24 (不動点定理) $f \in C^0([0,1])$ とする．もし，任意の $x \in [0,1]$ に対して，$f(x) \in [0,1]$ ならば，

$$f(x) = x$$

となる $x \in [0,1]$ が存在することを示しなさい．

解答　$g(x) = f(x) - x$ として，$g(x) = 0$ となる $x \in [0,1]$ が存在することを示せばよい．最初に，$f(x)$ が連続関数であるので，$g(x)$ も連続関数である．また，$f(x) \in [0,1]$ であることから $g(0) = f(0) \geqq 0$，$g(1) = f(1) - 1 \leqq 0$．よって，中間値の定理より $g(x) = 0$ となる $x \in [0,1]$ が存在する．　∎

注意　中間値の定理を使えば，方程式の解の存在性を示すことはできるが，解の個数を調べることはできない．

演習問題

1.14　次の関数 $f(x)$ が指定された x において連続かどうか調べなさい．

(1) $f(x) = x^2 + 1$, $(x = 2)$ 　　　　(2) $f(x) = \dfrac{x^2 - 3x + 2}{x - 2}$, $(x = 1)$

(3) $f(x) = \dfrac{1}{x}$, $(x = 0)$ 　　　　(4) $f(x) = \begin{cases} -\dfrac{x}{|x|} & (x \neq 0) \\ 0 & (x = 0) \end{cases}$, $(x = 0)$

(5) $f(x) = |x|$, $(x = 0)$ 　　　　(6) $f(x) = \begin{cases} \dfrac{x^2 - 3x + 2}{x - 1} & (x \neq 1) \\ -1 & (x = 1) \end{cases}$, $(x = 1)$

(7) $f(x) = [x + 2]$, $(x = 1)$ 　　　　(8) $f(x) = \begin{cases} \dfrac{x^2 + x}{|x|} & (x \neq 0) \\ 0 & (x = 0) \end{cases}$, $(x = 0)$

1.15　次の方程式が与えられた区間で解をもつことを示しなさい．

(1) $x^3 - 3x + 1 = 0$ 　　$[0,1]$ 　　　　(2) $\sin x - x\cos x = 0$ 　$\left[\pi, \dfrac{3}{2}\pi\right]$

(3) $x(x-1) + (x-1)(x-2) + x(x-2) = 0$ 　　$[0,1]$ と $[1,2]$

1.7　導関数

　どのように動いている物体でも，写真に写せば静止しているように見える．また，ごく短時間で見た場合，速度によって物体は静止しているように見えたり，動いているように見えたりする．これと同じように，非常に短い x の区間において関数 $f(x)$ の挙動もさまざまである．これを調べることができるのが微分の概念である．非常に短い区間での関数の挙動を調べることができれば，関数の全体像も調べることができるようになる．微分は公式を覚えることも大切だが，微分の定義もしっかりと覚えよう．

定義 1.12 (微分係数)

連続関数 $f(x)$ に対して, 極限

$$(1.1) \qquad \lim_{h \to 0} \frac{f(a+h) - f(a)}{h} \qquad \left(\text{または} \lim_{x \to a} \frac{f(x) - f(a)}{x - a} \right)$$

が有限値に定まるとき, $f(x)$ は $x = a$ で**微分可能**であるという. このとき, (1.1) の極限値を $f'(a)$ で表し, $f(x)$ の $x = a$ における**微分係数** と呼ぶ.

関数 $y = f(x)$ に対して, $f'(x)$ を $f(x)$ の**導関数**と呼び,

$$y', \quad \frac{dy}{dx}, \quad \frac{df}{dx}(x)$$

などと表す. 本書では, 実数の区間 I で微分可能であり, その導関数が区間 I で連続となる関数の集合を $C^1(I)$ で表す. すなわち, $f(x) \in C^1(I)$ とは, 関数 $f(x)$ は区間 I で微分可能であり, $f'(x) \in C^0(I)$ である.

定理 1.14

$f(x)$ を $x = a$ で微分可能な関数とする. このとき, $f(x)$ は $x = a$ で連続である.

定理 1.15 (基本的な関数の導関数)

次の表が成り立つ.

$f(x)$	$f'(x)$	$f(x)$	$f'(x)$	$f(x)$	$f'(x)$
x^n	nx^{n-1}	$\log x$	$\dfrac{1}{x}$	e^x	e^x
$\sin x$	$\cos x$	$\cos x$	$-\sin x$		

証明　定理 1.15 のいくつかの公式を示す. 証明にはいずれも (1.1) の極限の計算をすればよい.

(1) n が自然数のとき, $(x^n)' = nx^{n-1}$ を示す.

$(x+h)^n - x^n = h\{(x+h)^{n-1} + x(x+h)^{n-2} + \cdots + x^{n-2}(x+h) + x^{n-1}\}$ と因数分解できるので,

$$\begin{aligned}
(x^n)' &= \lim_{h \to 0} \frac{(x+h)^n - x^n}{h} \\
&= \lim_{h \to 0} \frac{1}{h} \left[h\{(x+h)^{n-1} + x(x+h)^{n-2} + \cdots + x^{n-2}(x+h) + x^{n-1}\} \right] \\
&= \lim_{h \to 0} \{(x+h)^{n-1} + x(x+h)^{n-2} + \cdots + x^{n-2}(x+h) + x^{n-1}\} = nx^{n-1}
\end{aligned}$$

(2) $(\sin x)' = \cos x$ を示す.

定理 1.6 の (2) から $\sin(x+h) - \sin x = 2\cos\left(x + \dfrac{h}{2}\right)\sin\dfrac{h}{2}$. よって,

$$\begin{aligned}
(\sin x)' &= \lim_{h \to 0} \frac{\sin(x+h) - \sin x}{h} \\
&= \lim_{h \to 0} \frac{2\cos\left(x + \frac{h}{2}\right)\sin\frac{h}{2}}{h} \\
&= \lim_{h \to 0} 2\cos\left(x + \frac{h}{2}\right)\frac{\sin\frac{h}{2}}{h} = \cos x \quad \text{(例題 1.17 より)}
\end{aligned}$$

(3) $(e^x)' = e^x$ を示す.

例題 1.20 の (3) を公式として使う.

$$(e^x)' = \lim_{h \to 0} \frac{e^{x+h} - e^x}{h} = e^x \lim_{h \to 0} \frac{e^h - 1}{h} = e^x$$

Point!　定理 1.15 において, n が自然数のとき $(x^n)' = nx^{n-1}$ を示した. しかしながら, 後で学習する対数微分法の手法 (例題 1.29) を用いれば, n が任意の実数に対しても $(x^n)' = nx^{n-1}$ が成り立つ.

定理 1.16 (微分の基本公式)

$\alpha, \beta \in \mathbb{R}$ とする. 微分可能な関数 $f(x)$, $g(x)$ に対して, 次が成り立つ.

(1) $\{\alpha f(x) + \beta g(x)\}' = \alpha f'(x) + \beta g'(x)$ 　　　　　　　　　　(微分の線形性)

(2) $\{f(x)g(x)\}' = f'(x)g(x) + f(x)g'(x)$ 　　　　　　　　　　(積の微分公式)

(3) $\left\{\dfrac{f(x)}{g(x)}\right\}' = \dfrac{f'(x)g(x) - f(x)g'(x)}{g(x)^2}$ 　　　　　　　　　(商の微分公式)

特に, (3) において $f(x) \equiv 1$ とすると, $\left\{\dfrac{1}{g(x)}\right\}' = -\dfrac{g'(x)}{g(x)^2}$ を得る.

例題 1.25　次の関数を微分しなさい.

(1) $2\sin x + 3\sqrt{x} - \dfrac{1}{x}$ 　　　(2) $(x+1)(x^2+3)$ 　　　(3) $\dfrac{2x}{\sin x}$

解答　(1) 定理 1.16 の (1) を使えばよい.

$$\left(2\sin x + 3\sqrt{x} - \frac{1}{x}\right)' = \left(2\sin x + 3x^{\frac{1}{2}} - x^{-1}\right)'$$
$$= 2\cos x + \frac{3}{2}x^{-\frac{1}{2}} + x^{-2}$$
$$= 2\cos x + \frac{3}{2\sqrt{x}} + \frac{1}{x^2}$$

(2) 定理 1.16 の (2) を使えばよい.

$$\{(x+1)(x^2+3)\}' = (x+1)'(x^2+3) + (x+1)(x^2+3)' = x^2+3+(x+1)\cdot 2x = 3x^2+2x+3$$

(3) 定理 1.16 の (3) を使えばよい.

$$\left(\frac{2x}{\sin x}\right)' = \frac{(2x)'\sin x - 2x(\sin x)'}{\sin^2 x} = \frac{2\sin x - 2x\cos x}{\sin^2 x}$$

例題 1.26　次を示しなさい.

(1) $(\tan x)' = \dfrac{1}{\cos^2 x}$ 　　　(2) $\left(\dfrac{1}{\tan x}\right)' = -\dfrac{1}{\sin^2 x}$

解答　いずれも定理 1.16 の (3) を使えばよい.

(1) $(\tan x)' = \left(\dfrac{\sin x}{\cos x}\right)' = \dfrac{(\sin x)'\cos x - \sin x(\cos x)'}{\cos^2 x} = \dfrac{\cos^2 x + \sin^2 x}{\cos^2 x} = \dfrac{1}{\cos^2 x}$

(2) $\left(\dfrac{1}{\tan x}\right)' = \left(\dfrac{\cos x}{\sin x}\right)' = \dfrac{(\cos x)' \sin x - \cos x (\sin x)'}{\sin^2 x} = \dfrac{-\sin^2 x - \cos^2 x}{\sin^2 x} = -\dfrac{1}{\sin^2 x}$

演習問題

1.16 次の関数を微分しなさい.

(1) x^4　　　　　　(2) $2x^3 + x^2$　　　　(3) $-\dfrac{1}{x}$　　　　(4) $2x^2 - x + \dfrac{2}{x^2}$

(5) xe^x　　　　　(6) $e^x(\tan x + 1)$　　(7) $\dfrac{1}{\sin x}$　　　(8) $\sin x \cos x$

(9) $\dfrac{1}{x^2 + 1}$　　　　(10) $\dfrac{x}{x + 1}$　　　　(11) $\dfrac{e^x}{x}$　　　(12) $(x^2 + 2x + 3)e^x$

(13) $\dfrac{1}{x^2 + 3x + 2}$　　(14) e^{-x}　　　　　(15) $\log_a x \ (a > 0, \, a \neq 1)$　　(16) $\dfrac{1}{1 - x}$

1.8　合成関数の微分法

　合成関数の微分法は，前節で紹介した公式と比べると易しくない．しかしながら，合成関数の微分法は基礎中の基礎でもある公式なので，よく練習をしてマスターしよう．合成関数の微分法を応用することで，ほとんどの関数を微分することができるようになる．

定理 1.17 (合成関数の微分法)

　関数 $f(g(x))$ において，$t = g(x)$ とおくと，

$$\frac{d}{dx} f(g(x)) = \frac{d}{dt} f(t) \times \frac{d}{dx} g(x)$$

例題 1.27　次の関数を微分しなさい.

(1) $\sin 3x$　　　(2) $\cos(x^2 - x)$　　(3) $\dfrac{1}{\sqrt{1 - x^2}}$　　　(4) $a^x \ (a > 0)$

解答　(1) $3x = t$ とおくと，$(\sin 3x)' = (\sin t)' \times (3x)' = \cos t \times 3 = 3\cos 3x$.

(2) $t = x^2 - x$ とおくと，$\{\cos(x^2 - x)\}' = (\cos t)' \times (x^2 - x)' = -\sin t \times (2x - 1) = -(2x - 1)\sin(x^2 - x)$.

(3) $t = 1 - x^2$ とおくと，$\left(\dfrac{1}{\sqrt{1 - x^2}}\right)' = \left(t^{\frac{-1}{2}}\right)' \times (1 - x^2)' = \dfrac{-1}{2} t^{\frac{-3}{2}} \times (-2x) = \dfrac{x}{(1 - x^2)^{\frac{3}{2}}}$.

(4) $a^x = e^{x \log a}$ より，$t = x \log a$ とおくと，$(a^x)' = (e^t)' \times (x \log a)' = e^t \log a = e^{x \log a} \log a = a^x \log a$.

例題 1.28　$\{\log f(x)\}' = \dfrac{f'(x)}{f(x)}$ を示しなさい.

解答　$f(x) = t$ とおいて定理 1.17 を使えばよい.

$$\{\log f(x)\}' = (\log t)' \times f'(x) = \frac{1}{t} \times f'(x) = \frac{f'(x)}{f(x)}$$

例題 1.29 (対数微分法)　次の関数を微分しなさい.

(1) $\dfrac{(x^2 + 2)^4}{(x - 1)^3 \sqrt{2x + 3}}$　$(x > 1)$　　(2) x^x

---

解答　(1) $f(x) = \dfrac{(x^2 + 2)^4}{(x - 1)^3 \sqrt{2x + 3}}$ とおく. このとき,

$$\log f(x) = \log \frac{(x^2 + 2)^4}{(x - 1)^3 \sqrt{2x + 3}} = 4 \log (x^2 + 2) - 3 \log (x - 1) - \frac{1}{2} \log (2x + 3)$$

より, 両辺を x で微分すると, 例題 1.28 から

$$\frac{f'(x)}{f(x)} = \frac{4(x^2 + 2)'}{x^2 + 2} - \frac{3(x - 1)'}{x - 1} - \frac{(2x + 3)'}{2(2x + 3)} = \frac{8x}{x^2 + 2} - \frac{3}{x - 1} - \frac{2}{2(2x + 3)}$$

よって,

$$f'(x) = f(x) \left(\frac{8x}{x^2 + 2} - \frac{3}{x - 1} - \frac{1}{2x + 3} \right)$$
$$= \frac{(x^2 + 2)^4}{(x - 1)^3 \sqrt{2x + 3}} \left(\frac{8x}{x^2 + 2} - \frac{3}{x - 1} - \frac{1}{2x + 3} \right)$$

(2) $f(x) = x^x$ とおく. このとき, $\log f(x) = \log x^x = x \log x$. 両辺を x で微分すると,

$$\frac{f'(x)}{f(x)} = x' \log x + x(\log x)' = \log x + 1$$

よって,

$$f'(x) = f(x)(\log x + 1) = x^x (\log x + 1)$$

演習問題

1.17　次の関数を微分しなさい.

(1) $(2x + 1)^3$　　　　　　(2) $(x^2 + 1)^4$　　　　　　(3) $\left(x - \dfrac{1}{x} \right)^3$

(4) $\tan 3x$　　　　　　　(5) $\cos (2x^2 + x)$　　　　(6) $\sin (\cos x)$

(7) e^{-x^2}　　　　　　　(8) $e^{2x^2 - \frac{1}{x}}$　　　　　　(9) $e^{\sin x}$

(10) e^{e^x}　　　　　　　(11) $\sqrt{3x^2 + 1}$　　　　　(12) $\sqrt[3]{2x^2 + 3x}$

(13) $\sqrt{4x^2 + \sqrt{x}}$　　　(14) $\sqrt{\sin x + 1}$　　　(15) $\sin \sqrt{x}$

(16) $\log (x^2 + 1)$　　　(17) $e^{\log x}$　　　　　　(18) $\tan 4x$

(19) 2^{x^2}　　　　　　　(20) 3^{2^x}　　　　　　　(21) $\left(\dfrac{\sin x}{x + 1} \right)^2$

(22) $\log (x + \sqrt{x^2 + 1})$　　(23) $\dfrac{1}{\sqrt{1 + x^2}}$　　　(24) $\sin^2 x + \sin 2x$

(25) $e^{\tan x}$ 　　　　 (26) $\log(e^x + 1)$ 　　　　 (27) $\log \dfrac{\sqrt{x^2+1} - x}{\sqrt{x^2+1} + x}$

(28) $\dfrac{e^x + e^{-x}}{e^x - e^{-x}}$ 　　　　 (29) $\sin\left(x + \dfrac{n\pi}{2}\right)$ 　　　　 (30) $\dfrac{2}{1 + e^{3x}}$

1.18 　次の関数を微分しなさい.

(1) $\dfrac{(x+1)^2(x-1)}{\sqrt{x+3}(x-2)^3}$ 　$(x > 2)$ 　　　 (2) $\dfrac{(x^2+1)^2\sqrt{x-1}}{(2x-1)^3(x^3+1)^{\frac{3}{2}}}$ 　$(x > 1)$

(3) $\dfrac{(x-1)^2\sqrt{x^2+1}}{(2x^2+3)^3\sqrt[3]{x+1}}$ 　$(x > 1)$ 　　　 (4) $\left(\dfrac{1}{x}\right)^x$ 　　 (5) $(\sin x)^x$ 　　 (6) $x^{\frac{1}{x}}$

1.9　パラメータ表示された関数の微分法

　関数のパラメータ表示は応用上重要である. たとえば, ボールを投げたとき, ボールは放物線 $(y = f(x))$ を描いて飛んでいく. ところが, ボールが t 秒後にどの位置にいるのかを調べるためには, 放物線のグラフ $(y = f(x))$ だけを調べていてもわからない. t 秒後のボールの位置を平面上の点の座標を使って $(x(t), y(t))$ と表すことができれば, より便利である. 新しいパラメータ t を使って関数 $y = f(x)$ を $(x(t), y(t))$ と表す方法を関数 $y = f(x)$ のパラメータ表示と呼ぶ. パラメータ表示された関数の微分公式は覚えやすい.

定義 1.13

　t を実数とする. t についての 2 つの関数 $\begin{cases} x = x(t) \\ y = y(t) \end{cases}$ を用いて xy-平面上の点 $\mathrm{P}(t) = (x(t), y(t))$ を定義する. このとき, 点 $\mathrm{P}(t)$ の軌跡は平面上の曲線 C を描く. この 2 つの関数の組 $\begin{cases} x = x(t) \\ y = y(t) \end{cases}$ を曲線 C の**パラメータ表示**と呼ぶ.

例題 1.30　次のパラメータ表示された関数を, パラメータを消去した形になおしなさい.

(1) $\begin{cases} x = 2\cos\theta \\ y = 3\sin\theta \end{cases}$ 　　(2) $\begin{cases} x = \dfrac{e^t + e^{-t}}{2} \\ y = \dfrac{e^t - e^{-t}}{2} \end{cases}$

解答　(1) 公式 $\cos^2\theta + \sin^2\theta = 1$ より,

$$\left(\frac{x}{2}\right)^2 + \left(\frac{y}{3}\right)^2 = \cos^2\theta + \sin^2\theta = 1$$

よって, $\dfrac{x^2}{4} + \dfrac{y^2}{9} = 1$ (楕円).

(2) $x^2 - y^2 = \left(\dfrac{e^t + e^{-t}}{2}\right)^2 - \left(\dfrac{e^t - e^{-t}}{2}\right)^2 = \dfrac{e^{2t} + 2 + e^{-2t} - (e^{2t} - 2 + e^{-2t})}{4} = 1.$

よって, $x^2 - y^2 = 1$ (双曲線). 　■

注意　パラメータ表示された関数は, 必ずしも $y = f(x)$ という形で表すことができるとは限らない.

定理 1.18 (パラメータ表示された関数の微分法)

パラメータ表示された関数 $\begin{cases} x = f(t) \\ y = g(t) \end{cases}$ に対して,

$$\frac{dy}{dx} = \frac{g'(t)}{f'(t)} = \frac{dy}{dt} \Big/ \frac{dx}{dt}$$

例題 1.31　サイクロイド $\begin{cases} x = t - \sin t \\ y = 1 - \cos t \end{cases}$ に対して, $\dfrac{dy}{dx}$ を求めなさい.

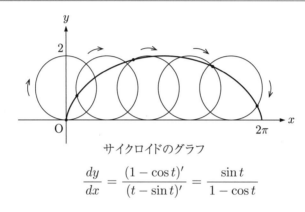

サイクロイドのグラフ

解答
$$\frac{dy}{dx} = \frac{(1 - \cos t)'}{(t - \sin t)'} = \frac{\sin t}{1 - \cos t}$$

演習問題

1.19　次のパラメータ表示された関数に対して, $\dfrac{dy}{dx}$ を求めなさい.

(1) $\begin{cases} x = 2\cos^3\theta \\ y = 2\sin^3\theta \end{cases}$ $(0 \leqq \theta < 2\pi)$　　(2) $\begin{cases} x = 3\cos\theta \\ y = 2\sin\theta \end{cases}$ $(0 \leqq \theta < 2\pi)$

(3) $\begin{cases} x = 2\cos^2\theta \\ y = 3\sin\theta \end{cases}$ $(0 \leqq \theta < 2\pi)$　　(4) $\begin{cases} x = 2^t + 2^{-t} \\ y = 2^t - 2^{-t} \end{cases}$ $(-\infty < t < +\infty)$

(5) $\begin{cases} x = \dfrac{1-t^2}{1+t^2} \\ y = \dfrac{2t}{1+t^2} \end{cases}$ $(-\infty < t < +\infty)$　　(6) $\begin{cases} x = \dfrac{e^t + e^{-t}}{2} \\ y = \dfrac{e^t - e^{-t}}{2} \end{cases}$ $(-\infty < t < +\infty)$

1.10　逆関数

　関数 $y = f(x)$ を x について解いたとき, その解が一意的に定まれば, それを $f(x)$ の逆関数と呼ぶ. 逆関数は常に存在しているとは限らないが, 区間を限定すれば, 逆関数が存在することもある. 特に重要なのは三角関数の逆関数である. 逆関数の微分は, 合成関数の微分公式を使えばすぐに求められる.

定義 1.14 (逆関数)

$f(x)$ と $g(x)$ を関数とする．このとき，$f \circ g(x) = g \circ f(x) = x$ が成り立つとき，関数 $g(x)$ を $f(x)$ の**逆関数**と呼び，$f^{-1}(x)$ で表す．ここで，$f \circ g(x)$ は合成関数のことで，$f \circ g(x) = f(g(x))$ と計算をする．

定理 1.19

$y = f(x)$ に逆関数が存在するとき，

$$y = f(x) \iff x = f^{-1}(y)$$

が成り立つ．

逆関数のグラフは，定理 1.19 から，もとの関数と $y = x$ について線対称になることがわかる．

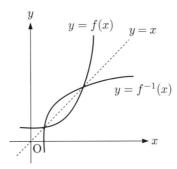

定理 1.20 (逆関数定理)

関数 $y = f(x)$ が，区間 (a,b) において単調増加関数 (もしくは単調減少関数) ならば，区間 $[a,b]$ において逆関数 $f^{-1}(x)$ が一意的に存在する．

後で学習する定理 1.30 から，定理 1.20 (逆関数定理) は次のように書き表すことができる．

定理 1.20′ (逆関数定理)

関数 $y = f(x)$ が，$x = c$ において $f'(c) \neq 0$ であり，$f'(x)$ が $x = c$ で連続であるとする．このとき，$x = c$ を含む十分小さな区間 $[a,b]$ において，$y = f(x)$ に逆関数 $f^{-1}(x)$ が一意的に存在する．特に，区間 (a,b) において $f'(x) \neq 0$ ならば，区間 $[a,b]$ において逆関数 $f^{-1}(x)$ が一意的に存在する．

例題 1.32　次の関数に逆関数が存在するのならば，その逆関数を求めなさい．

(1) $y = 2x + 1$　　(2) $y = x^2 - 2x + 3 \ (x \geqq 1)$　　(3) $y = \dfrac{e^x + e^{-x}}{2}$

解答　(1) $y' = 2 > 0$ より，定理 1.20′ から $y = 2x + 1$ に逆関数は一意的に存在する．

$y = 2x + 1 \Longleftrightarrow x = \dfrac{1}{2}y - \dfrac{1}{2}$ より, $y = 2x + 1$ の逆関数は $y = \dfrac{1}{2}x - \dfrac{1}{2}$ である.

(2) $y' = 2x - 2 = 2(x - 1)$ より, $x > 1$ において $y' > 0$ なので, 定理 1.20$'$ から $y = x^2 - 2x + 3$ ($x \geqq 1$) に逆関数は一意的に存在する.

$$y = x^2 - 2x + 3 \Longleftrightarrow x^2 - 2x + 3 - y = 0$$
$$\Longleftrightarrow x = 1 \pm \sqrt{y - 2}$$

ここで, $x \geqq 1$ という条件から $x = 1 + \sqrt{y - 2}$. よって, $y = x^2 - 2x + 3$ ($x \geqq 1$) の逆関数は $y = 1 + \sqrt{x - 2}$ である.

(3) $y' = \dfrac{e^x - e^{-x}}{2}$ より, $x = 0$ のとき $y' = 0$ となるので, 定理 1.20$'$ から逆関数は存在しない ($x \geqq 0$ または $x \leqq 0$ と x の範囲を限定すれば逆関数は存在する).

定理 1.21 (逆関数の導関数)

関数 $f(x)$ に逆関数が存在すると仮定する. このとき, 逆関数 $y = f^{-1}(x)$ が微分可能であれば導関数は次のようになる.

$$\{f^{-1}(x)\}' = \dfrac{1}{f'(y)}$$

例題 1.32 の (3) のように x の範囲をすべての実数で考えると逆関数が存在しないことがある. 同様に, 三角関数の逆関数は一意的に定まらないが, 考える範囲を限定することで逆三角関数を一意的に定めることができる.

定義 1.15 (逆三角関数)

三角関数の逆関数を, それぞれ次の記号で表す.

(1) $f(x) = \sin x$, $x \in \left[-\dfrac{\pi}{2}, \dfrac{\pi}{2}\right]$ の逆関数を $\sin^{-1} x$.

(2) $f(x) = \cos x$, $x \in [0, \pi]$ の逆関数を $\cos^{-1} x$.

(3) $f(x) = \tan x$, $x \in \left(-\dfrac{\pi}{2}, \dfrac{\pi}{2}\right)$ の逆関数を $\tan^{-1} x$.

Point! 逆三角関数 $\sin^{-1} x$, $\cos^{-1} x$, $\tan^{-1} x$ はそれぞれ**アークサイン**, **アークコサイン**, **アークタンジェント** と読む. また, 教科書によってはこれらを $\arcsin x$, $\arccos x$, $\arctan x$ と表すこともある. $\sin^{-1} x$ と $(\sin x)^{-1} = \dfrac{1}{\sin x}$ を混同しないように注意しよう.

例題 1.33　次の値を求めなさい.

(1) $\sin^{-1} \dfrac{1}{2}$　　(2) $\cos\left(\sin^{-1} \dfrac{3}{5}\right)$

解答　(1) $x = \sin^{-1} \dfrac{1}{2}$ とおいて x を求めればよい. 定理 1.19 より $\sin x = \dfrac{1}{2}$. ここで,

$x \in \left[-\dfrac{\pi}{2}, \dfrac{\pi}{2} \right]$ から, $x = \dfrac{\pi}{6}$.

(2) $x = \sin^{-1} \dfrac{3}{5}$ とおいて, $\cos x$ を求めればよい. 定理 1.19 より $\sin x = \dfrac{3}{5}$. よって,

$$\cos^2 x = 1 - \sin^2 x = \frac{16}{25}$$

ゆえに $\cos x = \pm \dfrac{4}{5}$ である. ここで, $x \in \left[-\dfrac{\pi}{2}, \dfrac{\pi}{2} \right]$ であったので, $\cos x \geqq 0$ よって, $\cos x = \dfrac{4}{5}$.

定理 1.22

逆三角関数の代表的な値は, 次の通りである.

x	-1	$-\dfrac{\sqrt{3}}{2}$	$-\dfrac{\sqrt{2}}{2}$	$-\dfrac{1}{2}$	0	$\dfrac{1}{2}$	$\dfrac{\sqrt{2}}{2}$	$\dfrac{\sqrt{3}}{2}$	1
$\sin^{-1} x$	$-\dfrac{\pi}{2}$	$-\dfrac{\pi}{3}$	$-\dfrac{\pi}{4}$	$-\dfrac{\pi}{6}$	0	$\dfrac{\pi}{6}$	$\dfrac{\pi}{4}$	$\dfrac{\pi}{3}$	$\dfrac{\pi}{2}$
$\cos^{-1} x$	π	$\dfrac{5}{6}\pi$	$\dfrac{3}{4}\pi$	$\dfrac{2}{3}\pi$	$\dfrac{\pi}{2}$	$\dfrac{\pi}{3}$	$\dfrac{\pi}{4}$	$\dfrac{\pi}{6}$	0

x	$-\sqrt{3}$	-1	$-\dfrac{1}{\sqrt{3}}$	0	$\dfrac{1}{\sqrt{3}}$	1	$\sqrt{3}$
$\tan^{-1} x$	$-\dfrac{\pi}{3}$	$-\dfrac{\pi}{4}$	$-\dfrac{\pi}{6}$	0	$\dfrac{\pi}{6}$	$\dfrac{\pi}{4}$	$\dfrac{\pi}{3}$

定理 1.23

次が成り立つ.

(1) $\sin^{-1} x + \cos^{-1} x = \dfrac{\pi}{2}$ (2) $\cos(\sin^{-1} x) = \sqrt{1 - x^2}$

定理 1.21 から逆三角関数の微分公式が得られる.

定理 1.24

逆三角関数の導関数は次の通りである.

(1) $(\sin^{-1} x)' = \dfrac{1}{\sqrt{1 - x^2}}$ (2) $(\cos^{-1} x)' = -\dfrac{1}{\sqrt{1 - x^2}}$

(3) $(\tan^{-1} x)' = \dfrac{1}{1 + x^2}$

逆三角関数のグラフは以下の通りである.

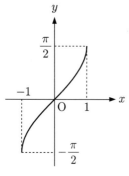

$$y = \sin^{-1} x$$

$$y = \cos^{-1} x$$

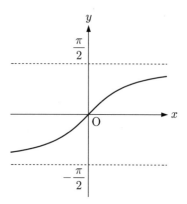

$$y = \tan^{-1} x$$

演習問題

1.20　次の関数は逆関数をもつか調べなさい. もつのなら逆関数を求めなさい.

(1) $y = -x + 1$

(2) $y = \dfrac{1}{x} \quad (x > 0)$

(3) $y = x^2 + 2x - 1 \quad (x \leqq -1)$

(4) $y = 2^x$

(5) $y = 2x^2 + 4x + 1 \quad (x \leqq 1)$

(6) $y = \sqrt{x}$

(7) $y = 2^x + 2^{-x} \quad (x \geqq 0)$

(8) $y = \sqrt{x^2 + 1} \quad (x \geqq 0)$

1.21　次の値を求めなさい.

(1) $\sin\left(\cos^{-1} \dfrac{1}{\sqrt{10}}\right)$

(2) $\tan\left(\cos^{-1} \dfrac{1}{3}\right)$

(3) $\cos\left\{\sin^{-1}\left(-\dfrac{4}{5}\right)\right\}$

(4) $\sin\left(\tan^{-1} \dfrac{3}{4}\right)$

(5) $\tan\left(\cos^{-1} \dfrac{3}{\sqrt{10}}\right)$

(6) $\cos\left(\tan^{-1} 2\right)$

(7) $\sin\left(\sin^{-1} \dfrac{3}{5} + \cos^{-1} \dfrac{4}{5}\right)$

(8) $\cos\left(\sin^{-1} \dfrac{1}{\sqrt{10}} + \sin^{-1} \dfrac{3}{\sqrt{10}}\right)$

(9) $\tan\left(\tan^{-1} \dfrac{1}{2} + \tan^{-1} 4\right)$

(10) $\tan\left(\cos^{-1} \dfrac{3}{5} + \sin^{-1} \dfrac{12}{13}\right)$

(11) $\sin^{-1} \dfrac{7}{25} + \sin^{-1} \dfrac{24}{25}$

(12) $\tan^{-1} 2 + \tan^{-1} 3$

(13) $\sin^{-1}\left(\sin \dfrac{3\pi}{2}\right)$

(14) $\cos^{-1}\left\{\cos\left(-\dfrac{2}{3}\pi\right)\right\}$

1.22　次の関数の導関数を求めなさい.

(1) $\cos^{-1} \dfrac{x}{2}$

(2) $\tan^{-1} e^x$

(3) $\tan\left(\cos^{-1} x\right)$

(4) $e^{\sin^{-1} x}$

(5) $(\sin^{-1} x)^x$

(6) $\sin^{-1}(\cos x)$

(7) $\cos^{-1}(\sin x)$

(8) $\sin^{-1}(\sin x)$

(9) $\cos^{-1}(\cos x)$

(10) $(\tan^{-1} x)^x$

(11) $\cos^{-1} \sqrt{x}$

(12) $\tan^{-1} \sqrt{x - 1}$

1.23　定理 1.23 を示しなさい.

1.24　$x > 0$ とする．このとき次の式を示しなさい．

(1) $\sin^{-1} \dfrac{x}{\sqrt{1+x^2}} = \tan^{-1} x$　　　　(2) $\tan^{-1} \dfrac{x}{\sqrt{1-x^2}} = \sin^{-1} x$

(3) $\cos^{-1} \dfrac{1}{\sqrt{1+x^2}} = \tan^{-1} x$　　　　(4) $\tan^{-1} \dfrac{\sqrt{1-x^2}}{x} = \cos^{-1} x$

1.11　高次導関数

関数の微分をすることができるようになったら，何度も微分をすることを試みるのは自然な成り行きだろう．何度も微分をして得られた関数は，もとの関数をより深く理解するために必要であることを次節以降で紹介していく．本節では，関数を n 回微分したときに得られる導関数の計算例をいくつか紹介する．計算が複雑になってくるので，しっかりと手を動かして計算しよう．

定義 1.16（高次導関数）

関数 $y = f(x)$ に対して，2 回以上微分して得られる導関数を $f(x)$ の**高次導関数**という．特に，n 回微分して得られる導関数を $f(x)$ の **n 次導関数**といい，次のように表す．

$$y^{(n)}, \quad \frac{d^n y}{dx^n}, \quad f^{(n)}(x), \quad \frac{d^n}{dx^n} f(x)$$

$f(x)$ が n 回微分可能で，$f^{(n)}(x)$ が連続のとき，$f(x)$ は C^n 級であるという．

例題 1.34　次の関数の n 次導関数を求めなさい．

(1) x^n　　　(2) $\sin x$　　　(3) $\dfrac{1}{x-1}$　　　(4) $\log x$

解答　実際に何度か微分をして，その法則を見つければよい（本来は数学的帰納法で示す必要がある）．

(1)
$$(x^n)' = nx^{n-1}$$
$$(x^n)'' = (nx^{n-1})' = n(n-1)x^{n-2}$$
$$(x^n)^{(3)} = \{n(n-1)x^{n-2}\}' = n(n-1)(n-2)x^{n-3}$$
$$(x^n)^{(4)} = \{n(n-1)(n-2)x^{n-3}\}' = n(n-1)(n-2)(n-3)x^{n-4}$$

よって，$(x^n)^{(n)} = n(n-1)(n-2)(n-3)\cdots(n-n+1)x^{n-n} = n!$

(2) 定理 1.3 の (1) を使って，$\cos$ を $\sin$ を使って表すように変形していく．

$$(\sin x)' = \cos x = \sin\left(x + \frac{\pi}{2}\right)$$
$$(\sin x)'' = \left\{\sin\left(x + \frac{\pi}{2}\right)\right\}' = \cos\left(x + \frac{\pi}{2}\right) = \sin\left(x + \frac{\pi}{2} + \frac{\pi}{2}\right) = \sin(x + \pi)$$
$$(\sin x)^{(3)} = \{\sin(x+\pi)\}' = \cos(x+\pi) = \sin\left(x + \pi + \frac{\pi}{2}\right) = \sin\left(x + \frac{3}{2}\pi\right)$$
$$(\sin x)^{(4)} = \left\{\sin\left(x + \frac{3}{2}\pi\right)\right\}' = \cos\left(x + \frac{3}{2}\pi\right) = \sin\left(x + \frac{3}{2}\pi + \frac{\pi}{2}\right) = \sin(x + 2\pi)$$

よって, $(\sin x)^{(n)} = \sin\left(x + \dfrac{n}{2}\pi\right)$.

(3)
$$\left(\frac{1}{x-1}\right)' = \{(x-1)^{-1}\}' = -(x-1)^{-2}$$
$$\left(\frac{1}{x-1}\right)'' = \{-(x-1)^{-2}\}' = (-1)(-2)(x-1)^{-3}$$
$$\left(\frac{1}{x-1}\right)^{(3)} = \{(-1)(-2)(x-1)^{-3}\}' = (-1)(-2)(-3)(x-1)^{-4}$$
$$\left(\frac{1}{x-1}\right)^{(4)} = \{(-1)(-2)(-3)(x-1)^{-4}\}' = (-1)(-2)(-3)(-4)(x-1)^{-5}$$

よって,
$$\left(\frac{1}{x-1}\right)^{(n)} = (-1)(-2)(-3)\cdots(-n)(x-1)^{-(n+1)} = \frac{(-1)^n n!}{(x-1)^{n+1}}$$

(4) $(\log x)' = \dfrac{1}{x}$ より, $n \geqq 1$ のとき (3) と同様に計算ができて
$$(\log x)^{(n)} = \left(\frac{1}{x}\right)^{(n-1)} = \frac{(-1)^{n-1}(n-1)!}{x^n}$$

　例題 1.34 の解法は，理屈は簡単であるが，少しでも複雑な関数になってしまうと，すぐにお手上げになってしまう．特に，関数の積の高次導関数は，次の公式を使った方が簡単である．

定理 1.25 (ライプニッツの公式)
　関数 $f(x)$, $g(x)$ に対して，次が成り立つ．
$$\{f(x)g(x)\}^{(n)} = f^{(n)}(x)g(x) + nf^{(n-1)}(x)g'(x) + \frac{n(n-1)}{2!}f^{(n-2)}(x)g''(x) + \cdots$$
$$+ \binom{n}{k}f^{(n-k)}(x)g^{(k)}(x) + \cdots + nf'(x)g^{(n-1)}(x) + f(x)g^{(n)}(x)$$
$$= \sum_{k=0}^{n}\binom{n}{k}f^{(n-k)}(x)g^{(k)}(x)$$
ここで, $\dbinom{n}{k} = {}_nC_k = \dfrac{n!}{k!\,(n-k)!} = \dfrac{n(n-1)\cdots(n-k+1)}{k!}$ とする.

例題 1.35　次の関数の n 次導関数を求めなさい.
(1) $x^2 e^x$ 　　(2) $x\log x$

解答　(1) $(x^2)' = 2x$, $(x^2)'' = 2$, $(x^2)^{(n)} = 0$ $(n \geqq 3)$, $(e^x)^{(n)} = e^x$ より, ライプニッツの公式から
$$(x^2 e^x)^{(n)} = x^2(e^x)^{(n)} + n(x^2)'(e^x)^{(n-1)} + \frac{n(n-1)}{2!}(x^2)''(e^x)^{n-2}$$
$$+ \frac{n(n-1)(n-2)}{3!}(x^2)^{(3)}(e^x)^{(n-3)} + \cdots$$
$$= x^2 e^x + 2nxe^x + n(n-1)e^x$$

$$= \{x^2 + 2nx + n(n-1)\}e^x$$

(2) $(x)' = 1$, $(x)^{(n)} = 0$ $(n \geqq 2)$, $(\log x)^{(n)} = \dfrac{(-1)^{n-1}(n-1)!}{x^n}$ (例題 1.34 の (4)) より，ライプニッツの公式から，

$$(x \log x)^{(n)} = x(\log x)^{(n)} + n(x)'(\log x)^{(n-1)} + \frac{n(n-1)}{2!}(x)''(\log x)^{(n-2)} + \cdots$$

$$= x \cdot \frac{(-1)^{n-1}(n-1)!}{x^n} + n \cdot \frac{(-1)^{n-2}(n-2)!}{x^{n-1}}$$

$$= \frac{(-1)^{n-1}(n-2)!}{x^{n-1}}(n-1-n) = \frac{(-1)^n(n-2)!}{x^{n-1}}$$

ただし，$n \geqq 2$．また，$n = 1$ のときは $(x \log x)' = \log x + 1$．

例題 1.36　$f(x) = \tan^{-1} x$ としたとき，$f^{(n)}(0)$ $(n = 1, 2, \dots)$ を求めなさい．

解答　$f(x) = \tan^{-1} x$ とすると，$f'(x) = \dfrac{1}{1+x^2}$ である，すなわち，$(1+x^2)f'(x) = 1$．ここで，$n \geqq 2$ のとき，ライプニッツの公式を用いて両辺を $n-1$ 回微分すると，

$$0 = \{(1+x^2)f'(x)\}^{(n-1)}$$

$$= (1+x^2)f^{(n)}(x) + (n-1)(1+x^2)'f^{(n-1)}(x)$$

$$\qquad + \frac{(n-1)(n-2)}{2!}(1+x^2)''f^{(n-2)}(x)$$

$$\qquad\qquad + \frac{(n-1)(n-2)(n-3)}{3!}(1+x^2)^{(3)}f^{(n-3)}(x) + \cdots$$

$$= (1+x^2)f^{(n)}(x) + 2(n-1)xf^{(n-1)}(x) + (n-1)(n-2)f^{(n-2)}(x)$$

よって，$x = 0$ を代入すれば次の式を得る．

$$(1.2) \qquad\qquad f^{(n)}(0) = -(n-1)(n-2)f^{(n-2)}(0)$$

ここで，$f^{(0)}(0) = f(0) = 0$，$f^{(1)}(0) = f'(0) = 1$ であることに注意しよう．n が偶数のとき $(n = 2m$ とおく$)$，(1.2) から次を得る．

$$f^{(2m)}(0) = -(n-1)(n-2)f^{(2m-2)}(0)$$

$$= (-1)^2(n-1)(n-2)(n-3)(n-4)f^{(2m-4)}(0)$$

$$= (-1)^3(n-1)(n-2)(n-3)(n-4)(n-5)(n-6)f^{(2m-6)}(0)$$

$$= \cdots$$

$$= (-1)^m(n-1)(n-2)(n-3)(n-4)\cdots(n-2m)f^{(2m-2m)}(0) = 0$$

$n \geqq 3$ が奇数のとき $(n = 2m+1$ とおく$)$，(1.2) から次を得る．

$$f^{(2m+1)}(0) = -(n-1)(n-2)f^{(2m-1)}(0)$$

$$= (-1)^2(n-1)(n-2)(n-3)(n-4)f^{(2m-3)}(0)$$

$$= (-1)^3(n-1)(n-2)(n-3)(n-4)(n-5)(n-6)f^{(2m-5)}(0)$$

$$= \cdots$$

$$= (-1)^m(n-1)(n-2)(n-3)(n-4)\cdots(n-2m)f^{(2m+1-2m)}(0)$$

$$= (-1)^m (n-1)! \; f'(0) = (-1)^{\frac{n-1}{2}} (n-1)!$$

まとめると，$f^{(n)}(0) = \begin{cases} (-1)^{\frac{n-1}{2}} (n-1)! & (n \text{ は奇数}) \\ 0 & (n \text{ は偶数}) \end{cases}.$

演習問題

1.25 次の関数の与えられた次数の高次導関数を求めなさい．

(1) x^4 ，(2 次)

(2) $3x^2$ ，(3 次)

(3) $2x^3 + x^2$ ，(2 次)

(4) $\dfrac{1}{x}$ ，(3 次)

(5) $x \log x$ ，(2 次)

(6) $e^{\sin x}$ ，(2 次)

(7) x^{24} ，(25 次)

(8) x^n ，($n-1$ 次)

(9) $\sqrt{x}$ ，(3 次)

(10) $e^{\frac{x}{2}}$ ，(7 次)

(11) $\dfrac{1}{x-1}$ ，(10 次)

(12) $\dfrac{1}{(x-1)(x-2)}$ ，(5 次)

1.26 次の関数の n 次導関数を求めなさい．

(1) $\cos x$

(2) $\log (1-x)$

(3) e^{-x}

(4) $\sqrt{x}$

(5) $e^x \cos x$

(6) $\dfrac{1}{x+2}$

(7) $x^2 \sin x$

(8) $x^3 \log x$

(9) $x e^{-2x}$

(10) $\dfrac{1}{x(x-1)}$

(11) $\cos (-x)$

(12) $\dfrac{x^2}{x-1}$

1.27 次の関数 $f(x)$ について $f^{(n)}(0)$ を求めなさい．

(1) $f(x) = \dfrac{1}{x^2-1}$

(2) $f(x) = \log (1+x^2)$

1.12   接線の方程式，平均値の定理と不定形の極限

微分の計算方法に関しては，前節までに学習した内容で十分である．以降，微分法の応用について紹介する．

本節では，3 つの重要な応用を紹介する．1 つ目は微分係数の図形的な意味．2 つ目は極限を使わずに導関数を扱うための平均値の定理．3 つ目は，難しい極限の計算をするためのロピタルの定理である．平均値の定理は，実際の計算において頻繁に使われる定理ではないが，ロピタルの定理を含む，微分積分学における重要な定理を示すためにしばしば利用される．

定理 1.26 (接線の方程式)

$f(x)$ を $x=a$ で微分可能な関数とする．

(1) 点 $(a, f(a))$ における $y = f(x)$ の接線の方程式は次の式で与えられる．

$$y = f'(a)(x-a) + f(a)$$

(2) 関数 $y = f(x)$ の $x=a$ における接線と直交し，かつ点 $(a, f(a))$ を通る直線を $y = f(x)$ の $x=a$ における**法線**と呼ぶ．法線の方程式は次の式で与えられる．

$$y = -\frac{1}{f'(a)}(x-a) + f(a)$$

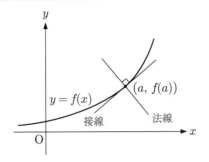

例題 1.37　関数 $y = x\sin x$ 上の点 $(\pi, 0)$ における接線と法線の方程式を求めなさい.

解答　$y' = \sin x + x\cos x$ より，求める接線の方程式は $y = -\pi(x - \pi)$, すなわち，
$y = -\pi x + \pi^2$.

また，法線の方程式は，$y = \dfrac{1}{\pi}(x - \pi)$ より，$y = \dfrac{1}{\pi}x - 1$.

例題 1.38　関数 $y = x^2$ 上の 2 点 $(1, 1)$, $(2, 4)$ を通る直線を l とする. l と平行な $y = x^2$ の接線の方程式を求めなさい.

解答　直線 l の方程式は $y = \dfrac{4 - 1}{2 - 1}(x - 1) + 1$, すなわち，$y = 3x - 2$ となる. よって，傾きが 3 となるような $y = x^2$ の接線を求めればよい.

$y' = 2x$ より，接線の傾きが 3 になるための接点の座標は $\left(\dfrac{3}{2}, \dfrac{9}{4} \right)$. よって，求める接線の方程式は

$$y = 3\left(x - \frac{3}{2}\right) + \frac{9}{4}$$

すなわち，$y = 3x - \dfrac{9}{4}$.

定理 1.27 (平均値の定理)

$f(x)$ を区間 (a, b) で微分可能であり，端点を含む区間 $[a, b]$ で連続な関数とする. このとき，

$$\frac{f(a) - f(b)}{a - b} = f'(c)$$

となる $c \in [a, b]$ が存在する.

定理 1.28 (平均値の第 2 定理)

$f(x)$, $g(x)$ を区間 (a, b) で微分可能であり，端点を含む区間 $[a, b]$ で連続な関数とする. このとき，

$$\frac{f(a) - f(b)}{g(a) - g(b)} = \frac{f'(c)}{g'(c)}$$

となる $c \in [a, b]$ が存在する.

　関数 $f(x)$, $g(x)$ に対して, 極限 $\lim_{x \to \alpha} \dfrac{f(x)}{g(x)}$ を考える. このとき, $\lim_{x \to \alpha} f(x) = \lim_{x \to \alpha} g(x) = 0$ または $\lim_{x \to \alpha} |f(x)| = \lim_{x \to \alpha} |g(x)| = +\infty$ のような状況になるとき, $\lim_{x \to \alpha} \dfrac{f(x)}{g(x)}$ を **不定形** と呼ぶ. 不定形の極限の計算には, 次の公式を使うのが簡単である.

定理 1.29 (ロピタルの定理)

　$\lim_{x \to a} \dfrac{f(x)}{g(x)}$ が不定形であるとする. このとき, $\lim_{x \to a} \dfrac{f'(x)}{g'(x)}$ が存在するならば,

$$\lim_{x \to a} \frac{f(x)}{g(x)} = \lim_{x \to a} \frac{f'(x)}{g'(x)}$$

である.

例題 1.39　次の極限値を求めなさい.

(1) $\displaystyle\lim_{x \to \infty} \frac{x^2}{e^x}$　　　(2) $\displaystyle\lim_{x \to +0} x^x$　　　(3) $\displaystyle\lim_{x \to 0} \frac{x^2 \sin \frac{1}{x}}{\sin x}$

解答　(1) ロピタルの定理を 2 回使う.

$$
\begin{aligned}
\lim_{x \to \infty} \frac{x^2}{e^x} &= \lim_{x \to \infty} \frac{(x^2)'}{(e^x)'} \\
&= \lim_{x \to \infty} \frac{2x}{e^x} \\
&= \lim_{x \to \infty} \frac{(2x)'}{(e^x)'} = \lim_{x \to \infty} \frac{2}{e^x} = 0
\end{aligned}
$$

(2) 最初に, ロピタルの定理を使って $\displaystyle\lim_{x \to 0+} \log x^x$ の極限値を求める.

$$
\begin{aligned}
\lim_{x \to +0} \log x^x &= \lim_{x \to +0} x \log x \\
&= \lim_{x \to +0} \frac{\log x}{\frac{1}{x}} \\
&= \lim_{x \to +0} \frac{(\log x)'}{(\frac{1}{x})'} \\
&= \lim_{x \to +0} \frac{\frac{1}{x}}{-\frac{1}{x^2}} = \lim_{x \to +0} (-x) = 0
\end{aligned}
$$

よって, $\displaystyle\lim_{x \to +0} x^x = \lim_{x \to +0} e^{\log x^x} = 1$.

(3) 最初にロピタルの定理を使ってみよう.

$$\lim_{x \to 0} \frac{(x^2 \sin \frac{1}{x})'}{(\sin x)'} = \lim_{x \to 0} \frac{2x \sin \frac{1}{x} - \cos \frac{1}{x}}{\cos x}$$

となり, $\displaystyle\lim_{x \to 0} \frac{(x^2 \sin \frac{1}{x})'}{(\sin x)'}$ の極限は存在しない. よって, ロピタルの定理は適用できない.

実際には次のように計算すればよい. はさみうちの原理から $\displaystyle\lim_{x\to 0} x\sin\frac{1}{x} = 0$ より,

$$\lim_{x\to 0}\frac{x^2\sin\frac{1}{x}}{\sin x} = \lim_{x\to 0}\frac{x}{\sin x}x\sin\frac{1}{x} = 0$$

演習問題

1.28 次の関数 $y = f(x)$ に対して, 与えられた点における接線と法線の方程式を求めなさい.

(1) $y = \sin x,\quad \left(\dfrac{\pi}{6}, \dfrac{1}{2}\right)$
(2) $y = \log x,\quad (1, 0)$
(3) $y = \dfrac{1}{x^2+1},\quad \left(\dfrac{1}{2}, \dfrac{4}{5}\right)$

(4) $y = \tan x,\quad \left(\dfrac{\pi}{4}, 1\right)$
(5) $y = \sqrt{x} + x - 1,\quad (1, 1)$
(6) $y = \dfrac{\sin x}{x},\quad \left(\dfrac{\pi}{2}, \dfrac{2}{\pi}\right)$

1.29 次の極限値を求めなさい.

(1) $\displaystyle\lim_{x\to 0}\frac{1-\cos x}{\sqrt{1+x^2}-1}$
(2) $\displaystyle\lim_{x\to\infty} x\left(\frac{\pi}{2}-\tan^{-1}x\right)$
(3) $\displaystyle\lim_{x\to 0}\left(\frac{1}{\sin x}-\frac{1}{x}\right)$

(4) $\displaystyle\lim_{x\to\infty} x^{\frac{1}{x}}$
(5) $\displaystyle\lim_{x\to 0}(\cos x)^{\frac{1}{x^2}}$
(6) $\displaystyle\lim_{x\to 0}\frac{\log\cos 3x}{\log\cos 2x}$

(7) $\displaystyle\lim_{x\to 0}\left(\frac{2^x+3^x}{2}\right)^{\frac{1}{x}}$
(8) $\displaystyle\lim_{x\to\infty} x^3 e^{-2x}$
(9) $\displaystyle\lim_{x\to +0} x^{\sin x}$

1.13 関数の極大・極小

微分係数が接線の傾きを表すことはすでに紹介した. また, 関数の増減は, 接線の傾き, すなわち微分係数の符号によって決まることはすぐにわかる. これらを踏まえれば, 微分係数を用いて関数の増減を調べることができる. このアイディアを使って, 関数のグラフを描く方法を紹介する. 本節で紹介する方法をマスターすることはもちろん重要だが, 極大・極小と最大・最小の違いも理解しよう.

定理 1.30 (関数の増減)

関数 $f(x)$ に対して,

(1) $f'(x) \geqq 0$ のとき, $f(x)$ は単調増加関数である.

(2) $f'(x) \leqq 0$ のとき, $f(x)$ は単調減少関数である.

定義 1.17 (関数の極大・極小)

$f(x)$ を関数とする. ある開区間 I 内のある値 $c \in I$ に対して,

(1) $f(x) < f(c)$ が c を除くすべての $x \in I$ で成り立つとき, $f(x)$ は $x = c$ で**極大**であるといい, $f(c)$ を**極大値**という.

(2) $f(x) > f(c)$ が c を除くすべての $x \in I$ で成り立つとき, $f(x)$ は $x = c$ で**極小**であるといい, $f(c)$ を**極小値**という.

極大値と極小値をまとめて**極値**という.

> **定義 1.18**
>
> 関数 $f(x)$ と区間 I について，
>
> (1) $f\left(\dfrac{a+b}{2}\right) \leqq \dfrac{f(a)+f(b)}{2}$ $(a, b \in I)$ のとき，$f(x)$ は区間 I で**下に凸**であるという．このとき，$f''(x)$ が存在すれば，$f''(x) > 0$ $(x \in I)$ である．
>
> (2) $\dfrac{f(a)+f(b)}{2} \leqq f\left(\dfrac{a+b}{2}\right)$ $(a, b \in I)$ のとき，$f(x)$ は区間 I で**上に凸**であるという．このとき，$f''(x)$ が存在すれば，$f''(x) < 0$ $(x \in I)$ である．

上に凸である区間と下に凸である区間の境界点を**変曲点**という．

関数の極値や凹凸のイメージは次の通りである．

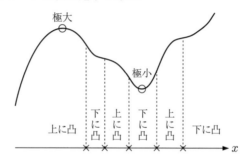

> **定理 1.31**
>
> 関数 $f(x)$ について，$f'(a) = 0$ をみたすとする．このとき，
>
> (1) $f''(a) < 0$ のとき，$f(x)$ は $x = a$ で極大で，極大値は $f(a)$ である．
>
> (2) $f''(a) > 0$ のとき，$f(x)$ は $x = a$ で極小で，極小値は $f(a)$ である．
>
> (3) $f''(a) = 0$ のとき，$f(x)$ は $x = a$ で極値をとるかわからない．
>
> (3) の場合は，より詳しく調べる必要がある．

関数の増減・凹凸を調べてグラフを描く際には，次の例題のように**増減表**を作るとよい．

例題 1.40　次の関数の 2 次導関数まで求めて増減表を作り，極値を求めなさい．

(1) $y = x^3 + 2x^2 + x - 1$　　(2) $y = 3x^4 + 4x^3 - 6x^2 - 12x$　　(3) $y = x^{\frac{2}{3}} e^{\frac{2}{3}x}$

解答　(1) $y' = 3x^2 + 4x + 1 = (3x+1)(x+1)$ より，$x = -\dfrac{1}{3},\ -1$ のとき $y' = 0$ となる．また，$y'' = 6x + 4$ より，$x = -\dfrac{2}{3}$ のとき $y'' = 0$ となる．よって，増減表は以下の通りである．

x		-1		$-\dfrac{2}{3}$		$-\dfrac{1}{3}$	
y'	$+$	0	$-$		$-$	0	$+$
y''	$-$		$-$	0	$+$		$+$
y	$\nearrow$	-1	$\searrow$	$-\dfrac{29}{27}$	$\searrow$	$-\dfrac{31}{27}$	$\nearrow$

ゆえに，$x = -1$ のとき極大で，極大値は -1，$x = -\dfrac{1}{3}$ のとき極小で，極小値は $-\dfrac{31}{27}$ である．

(2) $y' = 12x^3 + 12x^2 - 12x - 12 = 12(x+1)^2(x-1)$ より，$x = \pm 1$ のとき $y' = 0$ となる．また，$y'' = 36x^2 + 24x - 12 = 12(x+1)(3x-1)$ より，$x = -1, \dfrac{1}{3}$ のとき $y'' = 0$ となる．よって，増減表は以下の通りである．

x		-1		$\dfrac{1}{3}$		1	
y'	$-$	0	$-$		$-$	0	$+$
y''	$+$	0	$-$	0	$+$		$+$
y	$\searrow$	5	$\searrow$	$-\dfrac{121}{27}$	$\searrow$	-11	$\nearrow$

ゆえに，$x = 1$ のとき極小で，極小値は -11．また，この関数は極大値をもたない．

(3) $y' = \dfrac{2}{3\sqrt[3]{x}} e^{\frac{2}{3}x}(x+1)$, $y'' = \dfrac{2}{9\sqrt[3]{x^4}} e^{\frac{2}{3}x}(2x^2 + 4x - 1)$ となる．よって増減表は以下の通りである．

x		$\dfrac{-2-\sqrt{6}}{2}$		-1		0		$\dfrac{-2+\sqrt{6}}{2}$	
y'	$+$		$+$	0	$-$	╱	$+$		$+$
y''	$+$	0	$-$		$-$	╱	$-$	0	$+$
y	$\nearrow$	変曲点	$\nearrow$	$e^{-\frac{2}{3}}$	$\searrow$	0	$\nearrow$	変曲点	$\nearrow$

ゆえに，$x = -1$ のとき極大で，極大値は $e^{-\frac{2}{3}}$，$x = 0$ のとき極小で，極小値は 0 である． ▌

Point! 関数のグラフを描くときには，次の点に注意するとよい．

(1) 関数の極値，増減，凹凸

(2) x 軸，y 軸との交点の座標

(3) $\displaystyle\lim_{x \to \pm\infty} f(x)$ などの極限値（$f(a)$ が定義されない場合は $\displaystyle\lim_{x \to a} f(x)$ も調べる）

定理 1.31 の (3) の場合は次の定理を使うとよい．

定理 1.32

関数 $f(x)$ が n 回微分可能であり，$x = c$ で $f^{(n)}(x)$ が連続であるとする．また
$$f'(c) = f''(c) = \cdots = f^{(n-1)}(c) = 0,\ f^{(n)}(c) \neq 0$$
とする．このとき，次が成り立つ．

(1) n が偶数で $f^{(n)}(c) > 0$ (または $f^{(n)}(c) < 0$) ならば $f(c)$ は極小値 (または極大値) である．

(2) n が奇数ならば $f(x)$ は $x = c$ で極値をとらない．

演習問題

1.30　次の関数の極値を求めなさい．

(1) $y = x^{\frac{1}{2}}(1 - x)^{\frac{1}{2}}$
(2) $y = \dfrac{1}{e^x + e^{-x}}$
(3) $y = \log(x + \sqrt{x^2 + 1})$

(4) $y = \dfrac{x^2 + 3x + 1}{x}$
(5) $y = \dfrac{\log x}{x}$
(6) $y = 2x^2\sqrt{x} - 2\sqrt{x}$

(7) $y = \dfrac{x}{1 + x^2}$
(8) $y = x - 2\sqrt{x}$
(9) $y = x - \log(x^2 + 1)$

(10) $y = \dfrac{1}{x^2 + 1}$
(11) $y = (2x - 3)\sqrt{x}$
(12) $y = x^2 + 1 + \dfrac{1}{x^2}$

(13) $y = x^x$
(14) $y = x\sqrt{x} + \dfrac{1}{\sqrt{x}}$
(15) $y = x^3 + 3x^2 - 9x + 2$

(16) $y = 2x^3 - 9x^2 + 12x$
(17) $y = x^4 - 18x^2 + 3$

1.31　次の関数の 2 次導関数まで求め，増減表を作りなさい．

(1) $y = x^2 - 6x - 1$
(2) $y = -x^2 + 4x + 3$
(3) $y = x^3$

(4) $y = x^3 - 6x^2 + 5$
(5) $y = -x^3 + 3x^2 + 1$
(6) $y = x^3 + 2x^2 + x + 3$

(7) $y = x^4 + 2x^3 + 1$
(8) $y = -x^4 + 3x^2 + 1$
(9) $y = x^4 - 14x^2 + 24x - 3$

(10) $y = \sqrt[3]{x^3 + x^2}$　$(-1 \leqq x \leqq 1)$
(11) $y = \dfrac{x}{(x + 1)^2}$

1.14　テイラーの定理

　微分積分学をはじめ，数学全般において，三角関数や指数関数はとても重要な関数である．しかしながら，具体的な計算のできる関数は多項式だけであろう．具体的な計算のできない関数は理論上大切であったとしても，「絵に描いた餅」のように実際に応用することはできない．テイラーの定理とは，そんな重要であるが具体的な計算の難しい関数を多項式で近似する方法を教えてくれる．関数を多項式で近似してしまえば，関数の近似値を手計算で求めることや，複雑な関数の極限の計算ができてしまう．主要な関数のテイラーの定理の公式を使えば，高次の微分係数を求めることもできる．テイラーの定理とは，関数の重要な要素をすべて理解することのできる定理である．テイラーの定理と合わせて誤差の意味も理解しよう．

定理 1.33 (テイラーの定理)

　関数 $f(x)$ と固定した $c \in \mathbb{R}$ に対して,

$$f(x) = f(c) + f'(c)(x-c) + \frac{f''(c)}{2!}(x-c)^2 + \frac{f^{(3)}(c)}{3!}(x-c)^3 + \cdots$$

$$(1.3) \qquad + \frac{f^{(n)}(c)}{n!}(x-c)^n + \frac{f^{(n+1)}(\alpha)}{(n+1)!}(x-c)^{n+1}$$

$$= \sum_{k=0}^{n} \frac{f^{(k)}(c)}{k!}(x-c)^k + \frac{f^{(n+1)}(\alpha)}{(n+1)!}(x-c)^{n+1}$$

となる α が x と c の間に存在する. これを $x = c$ における $f(x)$ の n 次までの**テイラー展開**と呼ぶ.

　特に, $c = 0$ としたとき, (1.3) を**マクローリン展開**と呼ぶ. また, $n = 0$ の場合は定理 1.27 (平均値の定理) である. 主な関数のマクローリン展開は, 公式として覚えておくと便利である.

系 1.34 (主な関数のマクローリン展開)

　主な関数のマクローリン展開は次の通りである.

(1) $\displaystyle e^x = 1 + x + \frac{x^2}{2!} + \frac{x^3}{3!} + \cdots + \frac{x^n}{n!} + \frac{e^\alpha}{(n+1)!}x^{n+1}$

(2) $\displaystyle \sin x = x - \frac{x^3}{3!} + \frac{x^5}{5!} - \cdots + \frac{(-1)^n}{(2n+1)!}x^{2n+1} + \frac{\sin\left(\alpha + \frac{2n+2}{2}\pi\right)}{(2n+2)!}x^{2n+2}$

(3) $\displaystyle \cos x = 1 - \frac{x^2}{2!} + \frac{x^4}{4!} - \cdots + \frac{(-1)^n}{(2n)!}x^{2n} + \frac{\cos\left(\alpha + \frac{2n+1}{2}\pi\right)}{(2n+1)!}x^{2n+1}$

(4) $\displaystyle \frac{1}{1-x} = 1 + x + x^2 + x^3 + \cdots + x^n + \frac{1}{(1-\alpha)^{n+2}}x^{n+1}$

(5) $\displaystyle (1+x)^r = 1 + rx + \frac{r(r-1)}{2!}x^2 + \frac{r(r-1)(r-2)}{3!}x^3 + \cdots$

$$+ \frac{r(r-1)\cdots(r-n+1)}{n!}x^n + \frac{r(r-1)\cdots(r-n)}{(n+1)!}(1+\alpha)^{r-n-1}x^{n+1}$$

上記 α は x と 0 の間に存在する.

　定理 1.33 における $\dfrac{f^{(n+1)}(\alpha)}{(n+1)!}(x-c)^{n+1}$ は**剰余項**と呼ばれ, 誤差の計算をする際に重要になってくる. しかしながら, 後述するように系 1.34 の関数の場合, 項数を増やすことによって誤差は限りなく 0 に近づいていくことがわかるため, 剰余項を省略することもある.

　$f(x)$ を関数, $I \subset \mathbb{R}$ を区間とする. このとき, $\displaystyle\sup_{x \in I} f(x)$ を, $x \in I$ における $f(x)$ の最大値, もしくは区間 I のすべての x に対して $f(x) \leqq M$ をみたす定数 M の最小値と定義する. たとえば, 集合 $K_1 = \{x \in \mathbb{R}; x \in (0,1)\}$, $K_2 = \{x \in \mathbb{R}; x \in [0,1]\}$ とすれば, $\sup K_1 = 1$ だが, $\max K_1$ は存在しない. 一方, $\sup K_2 = \max K_2 = 1$ である. 同様に, $\min$ には $\inf$ という記号が対応している.

定理 1.35 (テイラー展開の誤差評価)

関数 $f(x)$ の $x = c$ における n 次までのテイラー展開を計算したとき，その値と実際の $f(x)$ の値との誤差は次の式以下である．

$$\frac{K(x)}{(n+1)!}|x-c|^{n+1}$$

ただし，I_x は x と c を端点とする閉区間とし，$K(x) = \sup_{t \in I_x} |f^{(n+1)}(t)|$ とする．

例題 1.41 3 次までのマクローリン展開を利用して，次の近似値を求めなさい．また，誤差の評価もしなさい．

(1) $\sqrt{1.1}$ (2) $e^{0.3}$

解答 (1) 系 1.34 の (5) より，$\sqrt{1+x}$ の 3 次までのマクローリン展開は次のようになる．

$$1 + \frac{1}{2}x + \frac{\frac{1}{2}\cdot(-\frac{1}{2})}{2!}x^2 + \frac{\frac{1}{2}\cdot(-\frac{1}{2})\cdot(-\frac{3}{2})}{3!}x^3$$

ここで，$x = 0.1$ を代入すれば $\sqrt{1.1}$ の近似値を得る．

$$1 + \frac{1}{2}0.1 + \frac{\frac{1}{2}\cdot(-\frac{1}{2})}{2!}(0.1)^2 + \frac{\frac{1}{2}\cdot(-\frac{1}{2})\cdot(-\frac{3}{2})}{3!}(0.1)^3 = \frac{16781}{16000} = 1.0488125$$

また，$(\sqrt{1+x})^{(4)} = \dfrac{-15}{2^4(1+x)^{\frac{7}{2}}}$ より，誤差は次の値以下である．

$$\sup_{x \in [0,0.1]} \frac{1}{4!}\left|\frac{-15}{2^4(1+x)^{\frac{7}{2}}}\right||0.1|^4 = \frac{1}{4!}\left|\frac{-15}{2^4}\right||0.1|^4 = \frac{1}{2^8 \times 10^3} = 0.00000390625$$

実際，$\sqrt{1.1}$ を小数第 10 位までコンピュータで計算すると，$\sqrt{1.1} = 1.0488088481$ となるので，上の近似値との誤差は 0.0000036519 である．

(2) 系 1.34 の (1) より，e^x の 3 次までのマクローリン展開は次のようになる．

$$1 + x + \frac{1}{2!}x^2 + \frac{1}{3!}x^3$$

ここで，$x = 0.3$ を代入すれば $e^{0.3}$ の近似値を得る．

$$1 + 0.3 + \frac{1}{2!}(0.3)^2 + \frac{1}{3!}(0.3)^3 = \frac{2699}{2000} = 1.3495$$

また，$(e^x)^{(4)} = e^x$ より，誤差は次の値以下である．

$$\sup_{x \in [0,0.3]} \frac{1}{4!}|e^x||0.3|^4 = \frac{1}{4!}|e^{0.3}||0.3|^4 \leqq \frac{1}{4!}3|0.3|^4 = \frac{3^4}{2^3 \times 10^4} = 0.0010125$$

実際，$e^{0.3}$ を小数第 10 位までコンピュータで計算すると，$e^{0.3} = 1.3498588075$ となるので，上の近似値との誤差は 0.0003588075 である．

例題 1.42　次の関数のマクローリン展開を，与えられた次数の項まで求めなさい (剰余項は求めなくてよい).

(1) e^{-x} ,　$(n$ 次$)$　　(2) $\dfrac{1}{1+x^2}$,　$(2n$ 次$)$

解答　(1) 系 1.34 の (1) において x を $-x$ に置き換えるだけでよい. よって, e^{-x} の n 次までのマクローリン展開は

$$1+(-x)+\frac{1}{2!}(-x)^2+\frac{1}{3!}(-x)^3+\cdots+\frac{1}{n!}(-x)^n$$
$$=1-x+\frac{1}{2!}x^2-\frac{1}{3!}x^3+\cdots+\frac{(-1)^n}{n!}x^n$$

(2) $\dfrac{1}{1+x^2}=\dfrac{1}{1-(-x^2)}$ より, 系 1.34 の (4) において x を $-x^2$ に置き換えるだけでよい.

よって, $\dfrac{1}{1+x^2}$ の 2 次までのマクローリン展開は

$$1+(-x^2)+(-x^2)^2+(-x^2)^3+\cdots+(-x^2)^n$$
$$=1-x^2+x^4-x^6+\cdots+(-1)^n x^{2n}$$

定理 1.36

$f(x)$, $g(x)$ の $x=c$ における n 次までのテイラー展開を，それぞれ

$$f(x)=\sum_{i=0}^{n}a_i(x-c)^i+R_{n+1}(x-c)^{n+1},\quad g(x)=\sum_{i=0}^{n}b_i(x-c)^i+Q_{n+1}(x-c)^{n+1}$$

とする. ただし, $R_{n+1}(x-c)^{n+1}$, $Q_{n+1}(x-c)^{n+1}$ をそれぞれ剰余項とする. このとき, $f(x)g(x)$ の n 次までのテイラー展開は,

$$\left\{\sum_{i=0}^{n}a_i(x-c)^i\right\}\left\{\sum_{i=0}^{n}b_i(x-c)^i\right\}$$

を n 次の項まで展開したものと等しい (ただし, 剰余項は除く).

Point!　定理 1.36 で得られた $f(x)g(x)$ のテイラー展開と実際の関数値との誤差評価は単純ではない. しかしながら, $n\to\infty$ としたときに, それぞれの剰余項が 0 に近づくならば定理 1.36 は有用になる (たとえば, 系 1.38 の場合など).

例題 1.43　次の関数のマクローリン展開を 4 次の項まで求めなさい (剰余項は求めなくてよい).

(1) $x\cos x$　　(2) $e^x\sin x$

解答　(1) 定理 1.36 より, $\cos x$ の 4 次までのマクローリン展開に x を掛ければよい. よって,

$$x\cos x=x\left(1-\frac{1}{2!}x^2+\frac{1}{4!}x^4+\cdots\right)=x-\frac{1}{2!}x^3+\cdots$$

ゆえに，$x\cos x$ の 4 次までのマクローリン展開は $x - \dfrac{1}{2}x^3$ である.

(2) 定理 1.36 より，e^x と $\sin x$ のマクローリン展開をそれぞれ掛け合わせて 4 次の項まで展開をすればよい.

$$
\begin{aligned}
e^x \sin x &= \left(1 + x + \frac{1}{2!}x^2 + \frac{1}{3!}x^3 + \frac{1}{4!}x^4 + \cdots\right)\left(x - \frac{1}{3!}x^3 + \cdots\right) \\
&= x + x^2 + \frac{1}{2!}x^3 + \frac{1}{3!}x^4 - \frac{1}{3!}x^3 - \frac{1}{3!}x^4 + \cdots \\
&= x + x^2 + \frac{1}{3}x^3 + \cdots
\end{aligned}
$$

よって，$e^x \sin x$ の 4 次までのマクローリン展開は $x + x^2 - \dfrac{1}{3}x^3$ である. ∎

　第 2 章の内容を先取りして，次の方法も紹介しよう.

例題 1.44　定積分を利用して $\log(1+x)$ の $n+1$ 次までのマクローリン展開を求めなさい (剰余項は求めなくてよい).

解答　$\{\log(1+x)\}' = \dfrac{1}{1+x}$ である. $\dfrac{1}{1+x}$ のマクローリン展開を n 次の項まで求めると，

$$
1 + (-x) + (-x)^2 + (-x)^3 + \cdots + (-x)^n = 1 - x + x^2 - x^3 + \cdots + (-1)^n x^n
$$

よって，これを 0 から x まで定積分すれば，$\log(1+x)$ の $n+1$ 次までのマクローリン展開を得る.

$$
\begin{aligned}
&\int_0^x \{1 - x + x^2 - x^3 + \cdots + (-1)^n x^n\}\, dx \\
&= \left[x - \frac{1}{2}x^2 + \frac{1}{3}x^3 - \frac{1}{4}x^4 + \cdots + \frac{(-1)^n}{n+1}x^{n+1} \right]_0^x \\
&= x - \frac{1}{2}x^2 + \frac{1}{3}x^3 - \frac{1}{4}x^4 + \cdots + \frac{(-1)^n}{n+1}x^{n+1}
\end{aligned}
$$
∎

例題 1.45　$\displaystyle\lim_{x \to 0} \dfrac{e^x - 1 - x}{x \sin x}$ を求めなさい.

解答　e^x と $\sin x$ の 3 次までのマクローリン展開を求める.

$$
\begin{aligned}
\frac{e^x - 1 - x}{x \sin x} &= \frac{\left(1 + x + \frac{1}{2!}x^2 + \frac{1}{3!}x^3 + \frac{e^\alpha}{4!}x^4\right) - 1 - x}{x\left(x - \frac{1}{3!}x^3 + \frac{\sin\beta}{4!}x^4\right)} \\
&= \frac{\frac{1}{2!}x^2 + \frac{1}{3!}x^3 + \frac{e^\alpha}{4!}x^4}{x^2 - \frac{1}{3!}x^4 + \frac{\sin\beta}{4!}x^5}
\end{aligned}
$$

ここで，α, β は 0 と x との間の数である. よって，$x \to 0$ としたとき，$\alpha \to 0$, $\beta \to 0$ となるので，

$$\lim_{x \to 0} \frac{e^x - 1 - x}{x \sin x} = \lim_{x \to 0} \frac{\frac{1}{2!}x^2 + \frac{1}{3!}x^3 + \frac{e^\alpha}{4!}x^4}{x^2 - \frac{1}{3!}x^4 + \frac{\sin \beta}{4!}x^5}$$

$$= \lim_{x \to 0} \frac{\frac{1}{2!} + \frac{1}{3!}x + \frac{e^\alpha}{4!}x^2}{1 - \frac{1}{3!}x^2 + \frac{\sin \beta}{4!}x^3} = \frac{1}{2}$$

定理 1.33 において，$\displaystyle \lim_{n \to \infty} \frac{f^{(n+1)}(\alpha)}{(n+1)!}(x - c)^{n+1} = 0$ となるとき，定理 1.33 は無限級数を使って表すことができる.

定理 1.37 (テイラー級数)

関数 $f(x)$ が x と c の間のすべての数 α に対して $\displaystyle \lim_{n \to \infty} \frac{f^{(n+1)}(\alpha)}{(n+1)!}(x - c)^{n+1} = 0$ をみたすとき，次が成り立つ.

$$f(x) = f(c) + f'(c)(x - c) + \frac{f''(c)}{2!}(x - c)^2 + \cdots + \frac{f^{(n)}(c)}{n!}(x - c)^n + \cdots$$

$$= \sum_{k=0}^{\infty} \frac{f^{(k)}(c)}{k!}(x - c)^k$$

特に，$c = 0$ とおいたときは **マクローリン級数** と呼ばれ，次のようになる.

$$f(x) = f(0) + f'(0)x + \frac{f''(0)}{2!}x^2 + \frac{f^{(3)}(0)}{3!}x^3 + \cdots + \frac{f^{(n)}(0)}{n!}x^n + \cdots$$

$$= \sum_{k=0}^{\infty} \frac{f^{(k)}(0)}{k!}x^k$$

無限級数についての説明は省略する.

系 1.38 (主な関数のマクローリン級数)

主な関数のマクローリン級数は次の通りである.

(1)　$e^x = 1 + x + \dfrac{x^2}{2!} + \dfrac{x^3}{3!} + \cdots + \dfrac{x^n}{n!} + \cdots$

(2)　$\sin x = x - \dfrac{x^3}{3!} + \dfrac{x^5}{5!} - \cdots + \dfrac{(-1)^n}{(2n+1)!}x^{2n+1} + \cdots$

(3)　$\cos x = 1 - \dfrac{x^2}{2!} + \dfrac{x^4}{4!} - \cdots + \dfrac{(-1)^n}{(2n)!}x^{2n} + \cdots$

(4)　$\dfrac{1}{1 - x} = 1 + x + x^2 + x^3 + \cdots + x^n + \cdots$

(5)　$(1 + x)^\alpha = 1 + \alpha x + \dfrac{\alpha(\alpha - 1)}{2!}x^2 + \dfrac{\alpha(\alpha - 1)(\alpha - 2)}{3!}x^3 + \cdots$

$$+ \frac{\alpha(\alpha - 1) \cdots (\alpha - n + 1)}{n!}x^n + \cdots$$

ただし，(4), (5) は $-1 < x < 1$ とする.

演習問題

1.32   次の関数のマクローリン展開を 3 次の項まで求めなさい (剰余項は求めなくてよい).

(1) $\dfrac{e^x + e^{-x}}{2}$ (2) $(x + 3)^4$ (3) $\dfrac{1}{\sqrt{1 - x}}$ (4) $\tan^{-1} x$

(5) $(x - 1)^2$ (6) 2^x (7) $e^x \cos x$ (8) $\log (e^x + 1)$

(9) $\dfrac{1}{1 - \sin x}$ (10) $e^{\cos x}$ (11) $(e^x - 1)^4$ (12) $\tan x$

1.33   3 次までのマクローリン展開を用い,次の値の小数第 4 位を四捨五入した近似値を求めなさい.また,誤差の評価もしなさい.

(1) $e^{0.1}$ (2) $\sin 0.1$

1.34   次の関数の与えられた次数までのマクローリン展開を求めなさい (剰余項は求めなくてよい).

(1) $x^2 \sin x$, ($2n$ 次) (2) e^{2x}, (n 次) (3) $\dfrac{x}{1 - x^2}$, ($2n$ 次)

(4) $\tan^{-1} x$, ($2n + 1$ 次) (5) 3^x, (n 次)

1.35   次の極限値を求めなさい.

(1) $\displaystyle \lim_{x \to 0} \dfrac{\cos x - \frac{1}{1-x^2}}{x^2}$ (2) $\displaystyle \lim_{x \to 0} \dfrac{e^x - 1 - x\sqrt{x + 1}}{x^3}$ (3) $\displaystyle \lim_{x \to \infty} \dfrac{e^x}{1 + x + x^2}$

(4) $\displaystyle \lim_{x \to 0} \dfrac{\sin x - \tan^{-1} x}{x^3}$ (5) $\displaystyle \lim_{x \to 0} \dfrac{2^x - 1 - (\log 2)x}{x^2}$ (6) $\displaystyle \lim_{x \to 0} \dfrac{2^x - 1}{\log (x + 1)}$

1.36 e^x のマクローリン展開を用いて e が無理数であることを示しなさい.

2

1変数関数の積分法

「とにかく，考えてみることである．
工夫してみることである．
そして，やってみることである．
失敗すればやり直せばいい．」

松下幸之助

　本章では1変数関数の積分を学習する．「積分は微分の逆の計算」というキャッチコピーは，効率的な学習の助けになるが，微分と積分では，実は積分の方が歴史的に圧倒的に古い．積分の具体的な計算を学習する前に，積分の定義とも呼べるアイディアに是非とも触れて欲しいと願う．しかしながら，それは本書の目的から外れるので省略する．本章では，計算技術に焦点をあてた不定積分の計算方法を最初に学習する．その後，定積分の計算方法やその応用について学習する．

2.1　不定積分の計算

　「積分は微分の逆の計算」ただこれだけが積分の計算方針である．しかし，実際に計算してみると，このキャッチコピーに従うだけでは，ほとんどの場合，積分の計算をすることができない．そこで，多くの関数を積分するための公式を紹介する．

定義 2.1 (不定積分)

　関数 $f(x)$ に対して，$F'(x) = f(x)$ となるような関数 $F(x)$ を $f(x)$ の**不定積分**または**原始関数**と呼び，

$$(2.1) \qquad \int f(x)\,dx = F(x) + C$$

と表す．ただし，C は任意の定数としてよい．

注意　関数 $f(x)$ の原始関数は無数に存在するが，それらは定数項の違いを除けば一意的に定まる．このことを強調するために，不定積分は (2.1) のように**積分定数** C を用いる．

　次の公式は，微分の公式からすぐにわかる．

定理 **2.1**

(1) $\displaystyle\int x^r\,dx = \frac{x^{r+1}}{r+1} + C \quad (r \neq -1)$

(2) $\displaystyle\int \frac{1}{x}\,dx = \log|x| + C$

(3) $\displaystyle\int e^x\,dx = e^x + C$

(4) $\displaystyle\int \sin x\,dx = -\cos x + C$

(5) $\displaystyle\int \cos x\,dx - \sin x + C$

(6) $\displaystyle\int \frac{1}{\cos^2 x}\,dx - \tan x + C$

(7) $\displaystyle\int \frac{1}{\sqrt{a^2-x^2}}\,dx = \sin^{-1}\frac{x}{a} + C \quad (a > 0)$

(8) $\displaystyle\int \frac{1}{a^2+x^2}\,dx = \frac{1}{a}\tan^{-1}\frac{x}{a} + C$

(9) $\displaystyle\int a^x\,dx = \frac{a^x}{\log a} + C \quad (a > 0,\ a \neq 1)$

(10) $\displaystyle\int \frac{f'(x)}{f(x)}\,dx = \log|f(x)| + C$

定理 **2.2** (不定積分の線形性)

$\alpha, \beta \in \mathbb{R}$ とする. 関数 $f(x)$, $g(x)$ に対して, 次が成り立つ.

$$\int \{\alpha f(x) + \beta g(x)\}\,dx = \alpha \int f(x)\,dx + \beta \int g(x)\,dx$$

例題 **2.1** 次の不定積分を計算しなさい.

(1) $\displaystyle\int x^2\,dx$ (2) $\displaystyle\int \frac{3}{4+x^2}\,dx$ (3) $\displaystyle\int (x+1)^2\,dx$

(4) $\displaystyle\int \tan x\,dx$ (5) $\displaystyle\int \frac{x^2+1}{x+1}\,dx$

解答 (1) $\displaystyle\int x^2\,dx = \frac{x^3}{3} + C$

(2) $\displaystyle\int \frac{3}{4+x^2}\,dx = 3\int \frac{1}{2^2+x^2}\,dx = \frac{3}{2}\tan^{-1}\frac{x}{2} + C$

(3) $\displaystyle\int (x+1)^2\,dx = \int (x^2+2x+1)\,dx = \int x^2\,dx + 2\int x\,dx + \int dx = \frac{x^3}{3} + x^2 + x + C$

(4) $\displaystyle\int \tan x\,dx = \int \frac{\sin x}{\cos x}\,dx = -\int \frac{(\cos x)'}{\cos x}\,dx = -\log|\cos x| + C$

(5) $\displaystyle\int \frac{x^2+1}{x+1}\,dx = \int \left(x - 1 + \frac{2}{x+1}\right)dx = \frac{x^2}{2} - x + 2\log|x+1| + C$

定理 **2.3** (部分積分)

関数 $f(x)$, $g(x)$ に対して, 次が成り立つ.

$$\int f'(x)g(x)\,dx = f(x)g(x) - \int f(x)g'(x)\,dx$$

定理 2.3 は, 定理 1.16 の積の微分公式からすぐに得られる.

例題 **2.2**　　次の不定積分を計算しなさい.

(1) $\displaystyle\int x \sin x \, dx$　　　(2) $\displaystyle\int \log(x-1) \, dx$　　　(3) $\displaystyle\int x^2 e^x \, dx$　　　(4) $\displaystyle\int e^x \sin x \, dx$

解答　　(1) 部分積分の公式より

$$\int x \sin x \, dx = \int x(-\cos x)' \, dx$$

$$= x(-\cos x) - \int x'(-\cos x) \, dx$$

$$= -x \cos x + \int \cos x \, dx = -x \cos x + \sin x + C$$

(2)

$$\int \log(x-1) \, dx = \int (x-1)' \log(x-1) \, dx$$

$$= (x-1)\log(x-1) - \int (x-1)\{\log(x-1)\}' \, dx$$

$$= (x-1)\log(x-1) - \int (x-1) \cdot \frac{1}{x-1} \, dx$$

$$= (x-1)\log(x-1) - \int dx = (x-1)\log(x-1) - x + C$$

(3) 部分積分の公式を 2 回使う.

$$\int x^2 e^x \, dx = \int x^2 (e^x)' \, dx$$

$$= x^2 e^x - \int (x^2)' e^x \, dx$$

$$= x^2 e^x - 2 \int x e^x \, dx$$

$$= x^2 e^x - 2 \int x (e^x)' \, dx$$

$$= x^2 e^x - 2 \left(x e^x - \int e^x \, dx \right)$$

$$= x^2 e^x - 2 (x e^x - e^x) = (x^2 - 2x + 2) e^x + C$$

(4) $I = \displaystyle\int e^x \sin x \, dx$ とおく. 部分積分の公式を 2 回使うと

$$I = \int e^x \sin x \, dx = e^x \sin x - \int e^x \cos x \, dx$$

$$= e^x \sin x - \left\{ e^x \cos x - \int e^x (-\sin x) \, dx \right\}$$

$$= e^x (\sin x - \cos x) - \int e^x \sin x \, dx = e^x (\sin x - \cos x) - I$$

よって $I = \dfrac{e^x}{2}(\sin x - \cos x) + C$.

(4) では，方程式 $2I = e^x(\sin x - \cos x)$ を解いて I を求めているので，この計算では積分定数 C は見えてこない．しかしながら，I は 1 つの式を表すのではなく，$I = \displaystyle\int e^x \sin x \, dx = F(x) + C$ といった任意の定数を含んでいることを考慮すれば，積分定数 C が出てくることもわかるだろう．

定理 2.4 (置換積分)

関数 $f(g(x))$ において，$t = g(x)$ としたとき，次が成り立つ．

$$\int f(g(x)) \, dx = \int f(t) \frac{dx}{dt} \, dt$$

定理 2.4 は，定理 1.17 からすぐに得られる．

例題 2.3　次の不定積分を計算しなさい．

(1) $\displaystyle\int (x+1)^4 \, dx$　　　(2) $\displaystyle\int \sin x \cos x \, dx$　　　(3) $\displaystyle\int \frac{\log x}{x} \, dx$

(4) $\displaystyle\int \frac{x}{\sqrt{1-x^2}} \, dx$　　　(5) $\displaystyle\int \frac{1}{x\sqrt{x^2-1}} \, dx$

解答　(1) $t = x + 1$ とおく．すると $(x+1)^4 = t^4$．また，$x = t - 1$ より，両辺を t で微分して $\dfrac{dx}{dt} = 1$ (すなわち $dx = dt$)．よって

$$\int (x+1)^4 \, dx = \int t^4 \frac{dx}{dt} \, dt = \int t^4 \, dt = \frac{t^5}{5} + C = \frac{(x+1)^5}{5} + C$$

(2) $t = \sin x$ とおく．すると両辺を t で微分して $\cos x \dfrac{dx}{dt} = 1$ (すなわち $\cos x \, dx = dt$)．よって

$$\int \sin x \cdot \cos x \, dx = \int t \cdot \cos x \frac{dx}{dt} \, dt = \int t \, dt = \frac{t^2}{2} + C = \frac{\sin^2 x}{2} + C$$

(3) $t = \log x$ とおく．すると $\dfrac{1}{x} \cdot \dfrac{dx}{dt} = 1$．よって

$$\int \frac{\log x}{x} \, dx = \int t \cdot \frac{1}{x} \frac{dx}{dt} \, dt = \int t \, dt = \frac{t^2}{2} + C = \frac{(\log x)^2}{2} + C$$

(4) $x = \cos t$ とおく．すると $\sin t = \sqrt{1-x^2}$ より $\dfrac{x}{\sqrt{1-x^2}} = \dfrac{\cos t}{\sin t}$．また $dx = -\sin t \, dt$．よって

$$\int \frac{x}{\sqrt{1-x^2}} \, dx = \int \frac{\cos t}{\sin t} \cdot (-\sin t) \, dt = -\int \cos t \, dt = -\sin t + C = -\sqrt{1-x^2} + C$$

(5) $t = \sqrt{x^2-1}$ とおく．すると $\dfrac{x}{\sqrt{x^2-1}} \, dx = dt$．よって $x^2 = t^2 + 1$ であることに注意すると

$$\int \frac{1}{x\sqrt{x^2-1}} \, dx = \int \frac{1}{x\sqrt{x^2-1}} \cdot \frac{\sqrt{x^2-1}}{x} \, dt$$

$$= \int \frac{1}{x^2}\, dt$$

$$= \int \frac{1}{t^2 + 1}\, dt$$

$$= \tan^{-1} t + C = \tan^{-1} \sqrt{x^2 - 1} + C$$

注意 例題 2.3, (4) の解答において $x = \cos t$ とおいたとき，本来ならば $\sin t = \pm\sqrt{1 - t^2}$ としなければならない．しかしながら，問題の式から $-1 < x < 1$ であるので，t の範囲を $0 < t < \pi$ と限定してもよい．この場合 $\sin t = \sqrt{1 - t^2}$ になる．

Point! 不定積分の計算は，求めた解答を微分することによって検算できる．

演習問題

2.1 次の関数の不定積分を求めなさい．

(1) x^4 (2) $\dfrac{1}{x^2}$ (3) $\sqrt{x}$ (4) $(x + 1)^3$

(5) $\dfrac{1}{9 + x^2}$ (6) $\dfrac{\cos x}{\sin x}$ (7) $\dfrac{x + 1}{x^2 + 2x + 3}$ (8) $\dfrac{3x^2 - 4\sqrt[3]{x}}{x\sqrt{x}}$

(9) $x^2 \left(x - \dfrac{2}{x}\right)^3$ (10) $\dfrac{2x^3 - 3\sqrt{x}}{x^2\sqrt{x}}$ (11) $\dfrac{(\sqrt{x} - 1)^2}{2x\sqrt{x}}$ (12) $x\sqrt{x}$

(13) $\dfrac{x}{\sqrt[3]{x}}$ (14) $\dfrac{2x + 1}{x^2}$ (15) $\dfrac{3x - 4}{\sqrt{x}}$ (16) $\dfrac{(\sqrt{x} - 1)^3}{\sqrt{x}}$

(17) $3\sin x - 4\cos x$ (18) $\dfrac{1 - \cos^3 x}{\cos^2 x}$ (19) $e^x - 2^x$ (20) $(x^{\frac{1}{4}} - x^{\frac{1}{3}})^2$

2.2 次の関数の不定積分を部分積分を用いて求めなさい．

(1) $x\sin x$ (2) xe^{-x} (3) $(x + 3)\cos 2x$ (4) $x\log x$

(5) $\log(x + 1)$ (6) $(x - 1)e^x$ (7) $\sqrt{x}\log x$ (8) $(1 - 2x)\sin x$

(9) xa^x (10) $e^x\cos x$ (11) $\sin^3 x$ (12) $x\log(x^2 + 1)$

(13) $\sin^5 x$ (14) xe^{x+1} (15) $x\log(x + 2)$ (16) $e^x\log(e^x + 1)$

(17) $x\sin(x - 1)$ (18) $x^5\log x$ (19) $\cos^3 x$ (20) $x^3\sin x$

2.3 次の関数の不定積分を置換積分を用いて求めなさい．

(1) $\dfrac{1}{x\log x}$ (2) $\dfrac{1}{x^2 + 2x + 2}$ (3) $\dfrac{2x}{x^2 - 2x + 5}$ (4) $\cos 2x$

(5) $\sin^2 x$ (6) $\cos^2 x$ (7) e^{3x} (8) $\cos x\, e^{\sin x}$

(9) $\dfrac{1}{\sqrt{4 - 9x^2}}$ (10) $\dfrac{x\log(1 + x^2)}{1 + x^2}$ (11) $x\sqrt{1 - x^2}$ (12) $\dfrac{x^2}{(3 - x)^2}$

(13) $\dfrac{e^x}{1 + e^x}$ (14) $(3x + 2)^4$ (15) $\sqrt{2 - x}$ (16) $\dfrac{1}{4x + 1}$

(17) $\dfrac{1}{(5x + 2)^3}$ (18) e^{4x+1} (19) $\sin\left(\dfrac{\pi}{3} - 2x\right)$ (20) $x\sqrt{2x - 1}$

(21) $x\sqrt{x + 1}$ (22) $\dfrac{x}{3x - 1}$ (23) $\dfrac{x^2}{\sqrt{x - 1}}$ (24) $2x\sqrt{x^2 + 1}$

(25) $x^2\sqrt{x^3 - 1}$ (26) $\sin^3 x\cos x$ (27) $\sqrt[3]{(2x - 3)^2}$ (28) $\dfrac{1}{\cos^2 3x}$

(29) $x(2x + 3)^3$ (30) $\dfrac{2x - 1}{\sqrt{2x + 1}}$ (31) $\dfrac{x}{\sqrt{4 - 3x^2}}$ (32) $x^2 e^{3x^3}$

2.4 次の関数の不定積分を指定された置き換えをしてを求めなさい.

(1) $\dfrac{\sin x}{\cos^2 x}$, $(t = \cos x)$　　　　　　(2) $\dfrac{2x}{x^4 + 1}$, $(t = x^2)$

(3) $\sqrt{e^x - 1}$, $(t = \sqrt{e^x - 1})$　　　　　(4) $\sqrt{1 - x^2}$, $(x = \sin t)$

(5) $\sin^2 x \cos x$, $(t = \sin x)$　　　　(6) $\sqrt{\cos x} \sin x$, $(t = \cos x)$

2.2 有理関数の部分分数分解

不定積分の基本的な計算方法については, 前節においてすべて紹介した. しかしながら, 多くの場合, 不定積分の計算は易しくない. 本節以降は, やや複雑な関数の不定積分を求める具体的な方法を紹介する. 最初に有理関数の不定積分の求め方を紹介するが, その前に, 必要な変形である有理関数の部分分数分解について紹介をする. 簡単な有理関数の部分分数分解は, 第1章第1節で学習した. ここでは, より一般的な有理関数の部分分数分解の方法を紹介する.

定理 2.5 (有理関数の部分分数分解)

$P(x)$, $Q(x)$ を {$P(x)$ の次数} < {$Q(x)$ の次数} をみたす多項式とする. また, $Q(x)$ が

$$Q(x) = (x - \alpha)^n (x^2 + \beta x + \gamma)^m Q_1(x)$$

と因数分解されるとする. ただし, $Q_1(x)$ は $x - \alpha$ や $x^2 + \beta x + \gamma$ で割り切れない多項式とする. このとき, 有理関数 $\dfrac{P(x)}{Q(x)}$ は次のように変形できる.

$$\frac{P(x)}{Q(x)} = \frac{a_1}{x - \alpha} + \frac{a_2}{(x - \alpha)^2} + \cdots + \frac{a_n}{(x - \alpha)^n}$$
$$+ \frac{b_1 x + c_1}{x^2 + \beta x + \gamma} + \frac{b_2 x + c_2}{(x^2 + \beta x + \gamma)^2} + \cdots + \frac{b_m x + c_m}{(x^2 + \beta x + \gamma)^m} + \frac{P_1(x)}{Q_1(x)}$$

このように, 有理関数を分母が1次式や2次式からなる有理関数の和に分解することを**部分分数分解**と呼ぶ.

Point! 多項式は必ず1次式と2次式だけを用いて因数分解をすることができる (代数学の基本定理). したがって, 定理 2.5 を繰り返し適用することによって, すべての有理関数は部分分数分解をすることができる.

例題 2.4 次の有理関数を部分分数分解しなさい.

(1) $\dfrac{2x + 1}{(x - 1)(x + 2)}$　　　(2) $\dfrac{1}{(x + 1)^2 (x + 2)}$　　　(3) $\dfrac{x + 2}{(x + 1)(x^2 + 2x + 3)^2}$

解答 (1) $\dfrac{2x + 1}{(x - 1)(x + 2)} = \dfrac{a}{x - 1} + \dfrac{b}{x + 2}$ とおいて, a, b を求めればよい. この式の両辺を $(x - 1)(x + 2)$ 倍すると次を得る.

(2.2) $$2x + 1 = a(x + 2) + b(x - 1)$$

ここで, $x = 1$ を (2.2) に代入すると $3 = 3a$, よって $a = 1$. $x = -2$ を (2.2) に代入すると

$-3 = -3b$, よって $b = 1$. ゆえに

$$\frac{2x+1}{(x-1)(x+2)} = \frac{1}{x-1} + \frac{1}{x+2}$$

(2) $\dfrac{1}{(x+1)^2(x+2)} = \dfrac{a}{x+1} + \dfrac{b}{(x+1)^2} + \dfrac{c}{x+2}$ とおいて, a, b, c を求めればよい. この式の両辺を $(x+1)^2(x+2)$ 倍すると次を得る.

$$(2.3) \qquad 1 = a(x+1)(x+2) + b(x+2) + c(x+1)^2$$

$x = -1$ を (2.3) に代入すると $1 = b$. $x = -2$ を (2.3) に代入すると $1 = c$. $x = 0$ を (2.3) に代入すると $1 = 2a + 2b + c = 2a + 3$, よって $a = -1$. ゆえに,

$$\frac{1}{(x+1)^2(x+2)} = -\frac{1}{x+1} + \frac{1}{(x+1)^2} + \frac{1}{x+2}$$

(3) $\dfrac{x+2}{(x+1)(x^2+2x+3)^2} = \dfrac{a}{x+1} + \dfrac{bx+c}{x^2+2x+3} + \dfrac{dx+e}{(x^2+2x+3)^2}$ とおいて, a, b, c, d, e を求めればよい. この式の両辺を $(x+1)(x^2+2x+3)^2$ 倍すると次を得る.

$$(2.4) \qquad x+2 = a(x^2+2x+3)^2 + (bx+c)(x+1)(x^2+2x+3) + (dx+e)(x+1)$$

$x = -1$ を (2.4) に代入すると $1 = 4a$, よって $a = \dfrac{1}{4}$. (2.4) の両辺の x^4 の係数を比較すると $0 = a + b$. よって, $b = -\dfrac{1}{4}$. $x = 0$ を (2.4) に代入すると $2 = 9a + 3c + e$. よって $3c + e = -\dfrac{1}{4}$. $x = -2$ を (2.4) に代入すると $0 = 9a + 6b - 3c + 2d - e$. よって $d = -\dfrac{1}{2}$. $x = 1$ を (2.4) に代入すると $3 = 36a + 12b + 12c + 2d + 2e$. よって $6c + e = -1$. ゆえに, $c = -\dfrac{1}{4}$, $e = \dfrac{1}{2}$. よって,

$$\frac{x+2}{(x+1)(x^2+2x+3)^2} = \frac{1}{4(x+1)} - \frac{x+1}{4(x^2+2x+3)} - \frac{x-1}{2(x^2+2x+3)^2}$$

演習問題

2.5 次の有理関数を部分分数分解しなさい.

(1) $\dfrac{1}{(x+1)(x-2)(x+5)}$

(2) $\dfrac{3x-2}{x(x-1)(x-2)}$

(3) $\dfrac{2x}{(x-1)(x^2+1)}$

(4) $\dfrac{2x+1}{x(x^2+1)}$

(5) $\dfrac{1}{(x+1)(x^2+1)}$

(6) $\dfrac{x+1}{x(x^2+1)}$

(7) $\dfrac{2x-1}{(x+2)(x^2+1)}$

(8) $\dfrac{5x+1}{(x+1)(x^2+1)}$

(9) $\dfrac{1}{x(x+1)^2}$

(10) $\dfrac{x}{(x-1)(x-2)^2}$

(11) $\dfrac{x-7}{(x+2)(x-1)^2}$

(12) $\dfrac{x+2}{(x^2-1)^2}$

(13) $\dfrac{x^2}{x^4-1}$

(14) $\dfrac{1}{x^4-1}$

(15) $\dfrac{1}{x^3-1}$

(16) $\dfrac{3x^3+3x^2+13x+5}{x(x+1)(x^2+2x+5)}$

(17) $\dfrac{x^2}{(x^2+1)^2}$

(18) $\dfrac{2x^2-5x-4}{(x+1)^2(x^2-x+1)}$

(19) $\dfrac{1}{(x^2+1)(x^2+3)}$

(20) $\dfrac{1}{x^3+1}$

(21) $\dfrac{x^2}{x^3+1}$

(22) $\dfrac{2x+1}{x(x-1)(x+2)}$

(23) $\dfrac{x^3+x^2+2x+1}{(x^2+1)^2}$

(24) $\dfrac{x+1}{x^2(x^2+4x+5)}$

(25) $\dfrac{x^2 + 6x + 11}{(x+2)^3}$　　　　(26) $\dfrac{5x^2 - 8}{x^4 - 5x^2 + 4}$　　　　(27) $\dfrac{x^3 + x - 1}{x^4 + x^2}$

(28) $\dfrac{x^2 + 4x - 3}{x^3 - 2x^2 - x + 2}$　　　　(29) $\dfrac{x^2 + 5x + 1}{x^3 + 4x^2 + 9x + 10}$　　　　(30) $\dfrac{x^2 - x + 2}{x^3 + 3x^2 + 3x + 1}$

2.3　有理関数の不定積分

　有理関数を部分分数分解できれば，その有理関数の不定積分を求めることができる．不定積分の求め方の中には難しい方法も含まれているので，よく計算練習をしよう．

定理 2.6

　$n \geqq 2$ とする．次が成り立つ．

(1) $\displaystyle \int \frac{x}{x^2 + a^2}\, dx = \frac{1}{2}\log(x^2 + a^2) + C$

(2) $\displaystyle \int \frac{x}{(x^2 + a^2)^n}\, dx = -\frac{1}{2(n-1)(x^2 + a^2)^{n-1}} + C$

(3) $\displaystyle \int \frac{1}{x^2 + a^2}\, dx = \frac{1}{a}\tan^{-1}\frac{x}{a} + C$

(4) $\displaystyle \int \frac{1}{(x^2 + a^2)^n}\, dx = \frac{x}{2(n-1)a^2(x^2 + a^2)^{n-1}} + \frac{2n-3}{2(n-1)a^2}\int \frac{1}{(x^2 + a^2)^{n-1}}\, dx$

例題 2.5　次の不定積分を計算をしなさい．

(1) $\displaystyle \int \frac{3}{2x+1}\, dx$　　　　(2) $\displaystyle \int \frac{x+4}{x^2 + 3x + 2}\, dx$　　　　(3) $\displaystyle \int \frac{3x-1}{(x^2 + 2x + 2)^2}\, dx$

解答　(1) $\displaystyle \int \frac{3}{2x+1}\, dx = \frac{3}{2}\int \frac{2}{2x+1}\, dx = \frac{3}{2}\log|2x+1| + C$

(2) 部分分数分解をしてから不定積分を求めればよい．$\dfrac{x+4}{x^2 + 3x + 2} = \dfrac{a}{x+1} + \dfrac{b}{x+2}$ とおいて，a, b を求めればよい．この式の両辺を $(x+1)(x+2)$ 倍すると次を得る．

(2.5) $\qquad\qquad\qquad x + 4 = a(x+2) + b(x+1)$

$x = -1$ を (2.5)に代入すると $3 = a$．$x = -2$ を (2.5)に代入すると $2 = -b$．ゆえに，

$$\int \frac{x+4}{x^2 + 3x + 2}\, dx = \int \left(\frac{3}{x+1} - \frac{2}{x+2} \right) dx$$
$$= 3\log|x+1| - 2\log|x+2| + C$$

(3) $\displaystyle \int \frac{3x-1}{(x^2 + 2x + 2)^2}\, dx = \int \frac{3x-1}{\{(x+1)^2 + 1\}^2}\, dx$．$x + 1 = t$ とおくと，$dx = dt$．よって，

$$\int \frac{3x-1}{(x^2 + 2x + 2)^2}\, dx = \int \frac{3t-4}{(t^2+1)^2}\, dt = 3\int \frac{t}{(t^2+1)^2}\, dt - 4\int \frac{1}{(t^2+1)^2}\, dt$$
$$= -\frac{3}{2(t^2+1)} - \frac{2t}{t^2+1} - 2\int \frac{1}{t^2+1}\, dt$$

$$= -\frac{4t+3}{2(t^2+1)} - 2\tan^{-1} t + C$$

$$= -\frac{4x+7}{2(x^2+2x+2)} - 2\tan^{-1}(x+1) + C$$

演習問題

2.6 次の関数の不定積分を求めなさい.

(1) $\dfrac{1}{(x+1)(x-5)}$ 　　(2) $\dfrac{1}{x^2-6x-7}$ 　　(3) $\dfrac{1}{x^2+5x+6}$

(4) $\dfrac{1}{x^2-9}$ 　　(5) $\dfrac{1}{(x+1)(x+3)}$ 　　(6) $\dfrac{1}{x^2+6x+9}$

(7) $\dfrac{1}{x^2-10x+25}$ 　　(8) $\dfrac{1}{x^2-6x+10}$ 　　(9) $\dfrac{1}{x^2+2x+2}$

(10) $\dfrac{1}{x^2+6x+10}$ 　　(11) $\dfrac{3x+1}{x^2-1}$ 　　(12) $\dfrac{x+2}{x^2-4x+3}$

(13) $\dfrac{2x+1}{x^2+x+1}$ 　　(14) $\dfrac{x}{x^2+2x-3}$ 　　(15) $\dfrac{2x-11}{2x^2-x-6}$

(16) $\dfrac{8x}{1+4x^2}$ 　　(17) $\dfrac{3x+10}{x^2+6x+9}$ 　　(18) $\dfrac{x-3}{x^2-6x+10}$

(19) $\dfrac{2x-5}{x^2-6x-7}$ 　　(20) $\dfrac{x}{x^2-2x+2}$ 　　(21) $\dfrac{3x}{4+5x^2}$

(22) $\dfrac{x+6}{x^2+6x+10}$ 　　(23) $\dfrac{x}{x^2-16}$ 　　(24) $\dfrac{x-4}{x^2-10x+25}$

(25) $\dfrac{2-x}{4x+5}$ 　　(26) $\dfrac{x^2+3}{x+1}$ 　　(27) $\dfrac{2x-3}{(x+1)^2(x+2)^2}$

(28) $\dfrac{x^2-x+1}{x+5}$ 　　(29) $\dfrac{x^2+x+1}{x^2-5x+6}$ 　　(30) $\dfrac{x^2-x+1}{x+2}$

(31) $\dfrac{2x+3}{(x+2)(x-1)^2}$ 　　(32) $\dfrac{1}{(x+1)(x-2)(x+5)}$ 　　(33) $\dfrac{x^4+x^3+x^2-4x-5}{x^2-x-1}$

(34) $\dfrac{x+1}{(x-1)(x^2+2x+2)}$ 　　(35) $\dfrac{x^3+x-1}{x^4-1}$ 　　(36) $\dfrac{x+2}{(x-1)(x^2+1)^2}$

2.4 三角関数を含む関数の不定積分

　有理関数の不定積分の計算ができれば，それをもとにして有理関数以外の関数の不定積分の計算もできるようになる．本節では，三角関数を含む関数の不定積分の計算方法を紹介しよう．ポイントは，三角関数を含む関数を，置き換えによって有理関数に変換するだけである．

定理 2.7

　$R(x)$, $R(x, y)$ を有理関数とする．このとき，次の不定積分は，置き換えによって有理関数の不定積分に帰着できる．

(1) $\displaystyle\int R(\sin x)\cos x\,dx$ は $t = \sin x$ とおけばよい.

　このとき，$\cos x\,dx = dt$ となる.

(2) $\displaystyle\int R(\cos x)\sin x\,dx$ は $t = \cos x$ とおけばよい.

　このとき，$\sin x\,dx = -dt$ となる.

(3) $\displaystyle\int R(\tan x)\,dx$ は $t = \tan x$ とおけばよい.

このとき, $dx = \dfrac{1}{1+t^2}\,dt$ となる.

(4) $\displaystyle\int R(\sin x,\,\cos x)\,dx$ は $t = \tan\dfrac{x}{2}$ とおけばよい.

このとき, $\sin x = \dfrac{2t}{1+t^2}$, $\cos x = \dfrac{1-t^2}{1+t^2}$, $dx = \dfrac{2}{1+t^2}\,dt$ となる.

例題 2.6　次の不定積分を計算しなさい.

(1) $\displaystyle\int \frac{\cos x}{1+\sin x}\,dx$ 　　(2) $\displaystyle\int \tan^2 x\,dx$ 　　(3) $\displaystyle\int \frac{1}{\sin x + \cos x + 2}\,dx$

解答　(1) $t = \sin x$ とおくと $\cos x\,dx = dt$. よって,

$$\int \frac{\cos x}{1+\sin x}\,dx = \int \frac{1}{1+t}\,dt = \log|1+t| + C = \log(1+\sin x) + C$$

(2) $t = \tan x$ とおくと $dx = \dfrac{1}{1+t^2}\,dt$. よって,

$$\int \tan^2 x\,dx = \int \frac{t^2}{1+t^2}\,dt = \int \left(1 - \frac{1}{1+t^2}\right) dt$$
$$= t - \tan^{-1} t + C = \tan x - \tan^{-1}(\tan x) + C = \tan x - x + C.$$

(3) $t = \tan\dfrac{x}{2}$ とおくと $\sin x = \dfrac{2t}{1+t^2}$, $\cos x = \dfrac{1-t^2}{1+t^2}$, $dx = \dfrac{2}{1+t^2}\,dt$. よって,

$$\int \frac{1}{\sin x + \cos x + 2}\,dx = \int \frac{1}{\frac{2t}{1+t^2} + \frac{1-t^2}{1+t^2} + 2} \cdot \frac{2}{1+t^2}\,dt$$
$$= \int \frac{2}{t^2 + 2t + 3}\,dt$$
$$= \int \frac{2}{(t+1)^2 + 2}\,dt$$
$$= \sqrt{2}\,\tan^{-1}\frac{t+1}{\sqrt{2}} + C = \sqrt{2}\,\tan^{-1}\frac{\tan\frac{x}{2} + 1}{\sqrt{2}} + C$$

注意　例題 2.6, (2) の解答において, 一般的に $\tan^{-1}(\tan x) \neq x$ であるが, 積分定数で差異を吸収している.

演習問題

2.7　次の関数の不定積分を求めなさい.

(1) $(\cos^3 x - 1)\sin x$ 　　(2) $\dfrac{\cos x}{\sin^2 x + 1}$ 　　(3) $(\sin^2 x + \sin x + 1)\cos x$

(4) $\dfrac{\cos x}{\sin^2 x}$ 　　(5) $\{\sin(\cos x)\}\sin x$ 　　(6) $(\cos^3 x - 5\cos x + 7)\sin x$

(7) $\dfrac{\sin x}{\cos x + 1}$ 　　(8) $\sin 2x \cos x$ 　　(9) $\tan^3 x + 2\tan^2 x + 1$

(10) $\dfrac{1}{\tan^2 x}$ 　　(11) $\dfrac{1}{2\tan^2 x - 1}$ 　　(12) $(\sin x + \cos x)^2$

(13) $\dfrac{1}{\sin x}$

(14) $\dfrac{1}{1+\cos x}$

(15) $\dfrac{2+\sin x}{(1+\cos x)\sin x}$

(16) $\dfrac{\cos x-\sin x}{\cos x+\sin x}$

(17) $\dfrac{1}{2+\sin x}$

(18) $\dfrac{\cos x-1}{\sin x+1}$

2.5 無理関数の不定積分

根号 $(\sqrt[n]{\ })$ を含む関数の場合，すべての場合について，その不定積分を求められるとは限らない．それでも，根号の内部が1次式や2次式であった場合は，置き換えによって有理関数に帰着することができ，不定積分を求めることができる．

定理 2.8

$R(x,y)$ を有理関数とする．

(1) $\displaystyle\int R\Big(x, \sqrt[n]{\dfrac{ax+b}{cx+d}}\Big)\,dx$ は $t=\sqrt[n]{\dfrac{ax+b}{cx+d}}$ とおけばよい．

(2) $a>0$ のとき，$\displaystyle\int R(x, \sqrt{ax^2+bx+c})\,dx$ は

$$\sqrt{ax^2+bx+c}=t-\sqrt{a}\,x$$

とおけばよい．

(3) $a<0$ かつ $b^2-4ac>0$ のとき，

$$ax^2+bx+c=a(x-\alpha)(x-\beta),\quad(\alpha<\beta)$$

と因数分解ができるので，$\alpha<x<\beta$ のとき

$$\sqrt{ax^2+bx+c}=\sqrt{a(x-\alpha)(x-\beta)}=(x-\alpha)\sqrt{\dfrac{a(x-\beta)}{x-\alpha}}$$

となるため，$\displaystyle\int R(x, \sqrt{ax^2+bx+c})\,dx$ は (1) の場合に帰着できる．

定理 2.8 は，定理 2.7 のように dx と dt の関係式を記していない．これは，dx と dt の関係式が複雑であるため，公式的に暗記することに向いていないためである．

例題 2.7　次の不定積分を計算しなさい．

(1) $\displaystyle\int \sqrt{\dfrac{x+1}{x+2}}\,dx$　　(2) $\displaystyle\int \dfrac{x}{(x+2)^{\frac{1}{2}}+(x+2)^{\frac{2}{3}}}\,dx$　　(3) $\displaystyle\int \dfrac{1}{x+\sqrt{x^2+x+1}}\,dx$

解答　(1) $\sqrt{\dfrac{x+1}{x+2}}=t$ とおく．すると $x=\dfrac{2t^2-1}{1-t^2}$ より $dx=\dfrac{2t}{(1-t^2)^2}\,dt$．よって，

$$\int \sqrt{\dfrac{x+1}{x+2}}\,dx=\int t\dfrac{2t}{(1-t^2)^2}\,dt=\int \dfrac{2t^2}{(1-t)^2(1+t)^2}\,dt$$

$$=\int\Big\{-\dfrac{1}{2(1-t)}+\dfrac{1}{2(1-t)^2}-\dfrac{1}{2(1+t)}+\dfrac{1}{2(1+t)^2}\Big\}\,dt$$

$$=\dfrac{\log|1-t|}{2}+\dfrac{1}{2(1-t)}-\dfrac{\log|1+t|}{2}-\dfrac{1}{2(1+t)}+C$$

$$= \log\left(\sqrt{x+2} - \sqrt{x+1}\,\right) + \sqrt{(x+1)(x+2)} + C$$

(2) $(x+2)^{\frac{1}{2}} = (\sqrt[6]{x+2})^3$, $(x+2)^{\frac{2}{3}} = (\sqrt[6]{x+2})^4$ であるので, $\sqrt[6]{x+2} = t$ とおく. すると, $x = t^6 - 2$, $dx = 6t^5\,dt$ なので

$$\int \frac{x}{(x+2)^{\frac{1}{2}} + (x+2)^{\frac{2}{3}}}\,dx = \int \frac{t^6 - 2}{t^3 + t^4}6t^5\,dt = 6\int \frac{t^8 - 2t^2}{1+t}\,dt$$

$$= 6\int \left(t^7 - t^6 + t^5 - t^4 + t^3 - t^2 - t + 1 - \frac{1}{t+1}\right)dt$$

$$= 6\left(\frac{t^8}{8} - \frac{t^7}{7} + \frac{t^6}{6} - \frac{t^5}{5} + \frac{t^4}{4} - \frac{t^3}{3} - \frac{t^2}{2} + t - \log|t+1|\right) + C$$

$$= \frac{3}{4}(x+2)^{\frac{4}{3}} - \frac{6}{7}(x+2)^{\frac{7}{6}} + (x+2) - \frac{6}{5}(x+2)^{\frac{5}{6}} + \frac{3}{2}(x+2)^{\frac{2}{3}} + C$$

$$\quad - 2(x+2)^{\frac{1}{2}} - 3(x+2)^{\frac{1}{3}} + 6(x+2)^{\frac{1}{6}} - 6\log\left\{(x+2)^{\frac{1}{6}} + 1\right\} + C$$

(3) $\sqrt{x^2 + x + 1} = t - x$ とおく. すると $x = \dfrac{t^2 - 1}{2t + 1}$ なので, $dx = \dfrac{2(t^2 + t + 1)}{(2t+1)^2}\,dt$. よって,

$$\int \frac{1}{x + \sqrt{x^2+x+1}}\,dx = \int \frac{1}{x + t - x} \cdot \frac{2(t^2+t+1)}{(2t+1)^2}\,dt = \int \frac{2(t^2+t+1)}{t(2t+1)^2}\,dt$$

$$= \int \left\{\frac{2}{t} - \frac{3}{2t+1} - \frac{3}{(2t+1)^2}\right\}dt$$

$$= 2\log|t| - \frac{3}{2}\log|2t+1| + \frac{3}{2(2t+1)} + C$$

$$= 2\log|\sqrt{x^2+x+1} + x| - \frac{3}{2}\log|2\sqrt{x^2+x+1} + 2x + 1|$$

$$\quad + \sqrt{x^2+x+1} - x - \frac{1}{2} + C$$

場合によっては, 次のように置き換えたほうが計算が楽になる場合がある.

定理 2.9

$R(x, y)$ を有理関数, $a > 0$ とする.

(1) $\displaystyle\int R(x, \sqrt{a^2 + x^2})\,dx$ は, $x = a\tan t$ とおけばよい.

(2) $\displaystyle\int R(x, \sqrt{x^2 - a^2})\,dx$ は, $x = \dfrac{a}{\cos t}$ とおけばよい.

(3) $\displaystyle\int R(x, \sqrt{a^2 - x^2})\,dx$ は, $x = a\sin t$ とおけばよい.

例題 2.8 次の不定積分を計算しなさい.

(1) $\displaystyle\int \frac{x+1}{\sqrt{2-x^2}}\,dx$ (2) $\displaystyle\int \sqrt{-x^2 - 2x + 1}\,dx$

解答 (1) $x = \sqrt{2}\sin t$ とおく. このとき, $dx = \sqrt{2}\cos t\,dt$, $\sqrt{2 - x^2} = \sqrt{2(1 - \sin^2 t)} =$

$\sqrt{2}\cos t$ となる. よって,

$$\int \frac{x+1}{\sqrt{2-x^2}}\,dx = \int \frac{\sqrt{2}\sin t + 1}{\sqrt{2}\cos t}\sqrt{2}\cos t\,dt$$

$$= \int (\sqrt{2}\sin t + 1)\,dt$$

$$= -\sqrt{2}\cos t + t + C = -\sqrt{2-x^2} + \sin^{-1}\frac{x}{\sqrt{2}} + C$$

(2) $\displaystyle\int \sqrt{-x^2-2x+1}\,dx = \int \sqrt{2-(x+1)^2}\,dx$ である. ここで, $x+1 = \sqrt{2}\sin t$ とおく.
このとき, $dx = \sqrt{2}\cos t\,dt$. よって,

$$\int \sqrt{-x^2-2x+1}\,dx = \int \sqrt{2-(x+1)^2}\,dx$$

$$= \int 2\cos^2 t\,dt$$

$$= \int (1+\cos 2t)\,dt$$

$$= t + \frac{1}{2}\sin 2t + C$$

$$= t + \sin t\cos t + C = \sin^{-1}\frac{x+1}{\sqrt{2}} + \frac{x+1}{2}\sqrt{-x^2-2x+1} + C \blacksquare$$

注意　例題 2.8, (1) の解答において $x = \sqrt{2}\sin t$ とおいたとき, 本来ならば $\sqrt{2}\cos t = \pm\sqrt{2-x^2}$ としなければならない. しかしながら, 問題の式から $-\sqrt{2} < x < \sqrt{2}$ であるので, t の範囲を $-\dfrac{\pi}{2} < t < \dfrac{\pi}{2}$ と限定してもよい. この場合 $\sqrt{2}\cos t = \sqrt{2-x^2}$, $t = \sin^{-1}\dfrac{x}{\sqrt{2}}$ になる. (2) も同様.

演習問題

2.8　次の関数の不定積分を求めなさい.

(1) $\dfrac{1}{\sqrt{x}+\sqrt[3]{x}}$

(2) $\dfrac{1}{\sqrt{2x+3}}$

(3) $\dfrac{x}{\sqrt[3]{x-1}}$

(4) $\dfrac{1}{x^2\sqrt{x^2-1}}$

(5) $\sqrt{x^2-4}$

(6) $\dfrac{x^2}{(2x+1)^{\frac{3}{4}}}$

(7) $x\sqrt{x+1}$

(8) $\dfrac{1}{\sqrt{x-x^2}}$

(9) $\dfrac{1}{x\sqrt{x^2+9}}$

(10) $\dfrac{1}{\sqrt[5]{2x+1}}$

(11) $\dfrac{1}{\sqrt{x+2}+\sqrt{x}}$

(12) $\dfrac{1}{x\sqrt{x^2+1}}$

(13) $\dfrac{1}{x\sqrt{1-x}}$

(14) $\dfrac{1}{x\sqrt{x^2+x+1}}$

(15) $\dfrac{1}{1+\sqrt{1-x^2}}$

(16) $x\sqrt[n]{1+x}$

(17) $\dfrac{1}{1+\sqrt{x+2}}$

(18) $\dfrac{x}{6+x\sqrt{x+7}}$

(19) $\sqrt{x^2-1}$

(20) $x\sqrt{4-x^2}$

2.6　定積分の計算

　不定積分を求める計算ができるようになったら, いよいよ定積分の計算に取り掛かろう. 定積分は図形的なイメージをもとに定義されるが, 実際の計算は, 不定積分の計算にもとづいている. したがって, 本書では図形的なイメージをもとにした定積分の定義の紹介は省略する.

定理 **2.10** (微分積分学の基本定理)

関数 $f(x)$ に対して，その不定積分を $F(x)$ とする．すなわち

$$\int f(x)\,dx = F(x) + C$$

このとき，$f(x)$ の a から b までの**定積分** $\displaystyle\int_a^b f(x)\,dx$ は次のように計算できる．

$$\int_a^b f(x)\,dx = [F(x)]_a^b = F(b) - F(a)$$

次は定理 2.10 からすぐにわかる．

定理 **2.11**

$f(x)$, $g(x)$ を関数，a, b, c を実数とする．

(1) $\displaystyle\int_a^a f(x)\,dx = 0$

(2) $\displaystyle\int_a^b f(x)\,dx = -\int_b^a f(x)\,dx$

(3) $\displaystyle\int_a^b f(x)\,dx = \int_a^c f(x)\,dx + \int_c^b f(x)\,dx$

定理 **2.12** (定積分の線形性)

$f(x)$, $g(x)$ を関数，$\alpha, \beta, a, b \in \mathbb{R}$ とする．次が成り立つ．

$$\int_a^b \{\alpha f(x) + \beta g(x)\}\,dx = \alpha \int_a^b f(x)\,dx + \beta \int_a^b g(x)\,dx$$

例題 2.9　次の計算をしなさい．

(1) $\displaystyle\int_0^1 x^2\,dx$ 　　　 (2) $\displaystyle\int_{\frac{\pi}{3}}^{\frac{\pi}{2}} \cos x\,dx$ 　　　 (3) $\displaystyle\int_1^4 \frac{\left(x + \frac{1}{\sqrt{x}}\right)^2}{\sqrt{x}}\,dx$

解答　(1) $\displaystyle\int_0^1 x^2\,dx = \left[\frac{x^3}{3}\right]_0^1 = \frac{1^3}{3} - \frac{0^3}{3} = \frac{1}{3}$

(2) $\displaystyle\int_{\frac{\pi}{3}}^{\frac{\pi}{2}} \cos x\,dx = [\sin x]_{\frac{\pi}{3}}^{\frac{\pi}{2}} = \sin\frac{\pi}{2} - \sin\frac{\pi}{3} = 1 - \frac{\sqrt{3}}{2}$

(3)
$$\int_1^4 \frac{\left(x + \frac{1}{\sqrt{x}}\right)^2}{\sqrt{x}}\,dx = \int_1^4 \frac{x^2 + 2\sqrt{x} + \frac{1}{x}}{x^{\frac{1}{2}}}\,dx$$
$$= \int_1^4 \left(x^{\frac{3}{2}} + 2 + x^{-\frac{3}{2}}\right)\,dx$$

$$= \left[\frac{2}{5} x^{\frac{5}{2}} + 2x - 2x^{-\frac{1}{2}} \right]_1^4$$
$$= \left(\frac{64}{5} + 8 - 1 \right) - \left(\frac{2}{5} + 2 - 2 \right) = \frac{97}{5}$$

関数 $f(x)$ と実数 a, b に対して，$\int_a^b f(t)\,dt$ が数になることは定理 2.10 よりすぐにわかる．また，$F(x) = \int_a^x f(t)\,dt$ とおくと，$F(x)$ は新たな x の関数になる．

例題 2.10 次の関数を x で微分しなさい．
(1) $\int_0^x \sin^2 t\,dt$　　(2) $\int_1^{3x-1} e^{t^2}\,dt$

解答 (1) $\int \sin^2 t\,dt = F(t) + C$ とする．このとき，

$$\frac{d}{dx} \int_0^x \sin^2 t\,dt = \frac{d}{dx} [F(t)]_0^x = \frac{d}{dx} \{F(x) - F(0)\} = F'(x) = \sin^2 x$$

(2) $\int e^{t^2}\,dt = F(t) + C$ とする．このとき，合成関数の微分法から

$$\frac{d}{dx} \int_1^{3x-1} e^{t^2}\,dt = \frac{d}{dx} [F(t)]_1^{3x-1} = \frac{d}{dx} \{F(3x-1) - F(1)\} = 3e^{(3x-1)^2}$$

Point! 例題 2.10 の解答からすぐにわかるが，一般に次が成り立つ．

$$\frac{d}{dx} \int_0^x f(t)\,dt = f(x)$$

例題 2.11 $\displaystyle \lim_{x \to 0} \frac{1}{x} \int_0^x \frac{1}{\log t}\,dt$ を求めなさい．

解答 ロピタルの定理 (定理 1.29) を使うことによって，

$$\lim_{x \to 0} \frac{1}{x} \int_0^x \frac{1}{\log t}\,dt = \lim_{x \to 0} \frac{1}{(x)'} \left(\int_0^x \frac{1}{\log t}\,dt \right)' = \lim_{x \to 0} \frac{1}{\log x} = 0$$

定義 2.2 (偶関数・奇関数)
$f(x)$ を関数とする．任意の $a \in \mathbb{R}$ に対して，
(1) $f(-a) = f(a)$ が成り立つとき，$f(x)$ を**偶関数**と呼ぶ．
(2) $f(-a) = -f(a)$ が成り立つとき，$f(x)$ を**奇関数**と呼ぶ．

定理 2.13
$a \in \mathbb{R}$ とする．このとき，次が成り立つ．

(1)　$f(x)$ が偶関数のとき，$\displaystyle\int_{-a}^{a} f(x)\,dx = 2\int_{0}^{a} f(x)\,dx$.

(2)　$f(x)$ が奇関数のとき，$\displaystyle\int_{-a}^{a} f(x)\,dx = 0$.

例題 2.12　次の計算をしなさい.

(1) $\displaystyle\int_{-\frac{\pi}{2}}^{\frac{\pi}{2}} x^2 \sin x\,dx$　　(2) $\displaystyle\int_{-1}^{1} (1 + 2x - 3x^2 + x^3 + 5x^4 - x^5)\,dx$

解答　(1) $f(x) = x^2 \sin x$ とおくと，$f(-a) = (-a)^2 \sin(-a) = -a^2 \sin a = -f(a)$ より，$f(x)$ は奇関数である. よって，$\displaystyle\int_{-\frac{\pi}{2}}^{\frac{\pi}{2}} x^2 \sin x\,dx = 0$.

(2) 関数 x^n は n が偶数ならば偶関数，n が奇数ならば奇関数. よって，

$$\int_{-1}^{1} (1 + 2x - 3x^2 + x^3 + 5x^4 - x^5)\,dx = 2\int_{0}^{1} (1 - 3x^2 + 5x^4)\,dx$$
$$= 2\left[x - x^3 + x^5\right]_{0}^{1} = 2$$

演習問題

2.9　次の計算をしなさい.

(1) $\displaystyle\int_{1}^{4} \left(x^2 + \frac{1}{x^2} + \frac{1}{x^{\frac{3}{2}}}\right) dx$　　(2) $\displaystyle\int_{2}^{e^2+1} \frac{1}{x-1}\,dx$　　(3) $\displaystyle\int_{1}^{4} \frac{2x^{\frac{3}{2}} + 3x^2 - \sqrt{x} + 1}{x}\,dx$

(4) $\displaystyle\int_{0}^{1} (\sqrt{x} - 1)^2\,dx$　　(5) $\displaystyle\int_{0}^{1} \frac{1}{\sqrt[3]{x+1}}\,dx$　　(6) $\displaystyle\int_{0}^{1} \frac{3x^3 + 2x^2 - x + 4}{x+1}\,dx$

(7) $\displaystyle\int_{\frac{\pi}{6}}^{\frac{\pi}{3}} (\sin t - \cos t)\,dt$　　(8) $\displaystyle\int_{0}^{1} \frac{1}{1+t^2}\,dt$　　(9) $\displaystyle\int_{0}^{\frac{1}{2}} \frac{1}{\sqrt{1-x^2}}\,dx$

(10) $\displaystyle\int_{0}^{\pi} \cos^2 \frac{\theta}{2}\,d\theta$　　(11) $\displaystyle\int_{1}^{2} \frac{1}{x(x+1)}\,dx$　　(12) $\displaystyle\int_{2}^{3} \frac{1}{x^2-1}\,dx$

2.10　次の関数を x で微分しなさい.

(1) $\displaystyle\int_{1}^{x} \frac{t}{1+t^2}\,dt$　　(2) $\displaystyle\int_{2}^{3x+1} e^{t^2}\,dt$　　(3) $\displaystyle\int_{1}^{x^2} \frac{1}{\sqrt{t^3+1}}\,dt$　　(4) $\displaystyle\int_{0}^{x} (x-t)f(t)\,dt$

2.11　次の極限値を求めなさい.

(1) $\displaystyle\lim_{x\to 0} \frac{1}{x}\int_{0}^{x} \log(\cos t)\,dt$　　(2) $\displaystyle\lim_{x\to 0} \frac{1}{\sin x}\int_{0}^{2x} \frac{1}{\sqrt{t^3+1}}\,dt$　　(3) $\displaystyle\lim_{x\to 0} \frac{1}{x}\int_{x}^{2x} e^{-t^2}\,dt$

2.7　部分積分・置換積分

部分積分や置換積分の公式は，不定積分の場合とほぼ同様である. 定積分の場合，置換をする際に積分区間が変わることに注意しよう.

定理 2.14 (部分積分)

関数 $f'(x)g(x)$ の a から b への定積分は

$$\int_a^b f'(x)g(x)\,dx = [f(x)g(x)]_a^b - \int_a^b f(x)g'(x)\,dx$$

例題 2.13 次の計算をしなさい.

(1) $\displaystyle\int_0^1 xe^x\,dx$ (2) $\displaystyle\int_0^{\frac{\pi}{2}} e^x \sin x\,dx$

解答 (1) $\displaystyle\int_0^1 xe^x\,dx = [xe^x]_0^1 - \int_0^1 e^x\,dx = [xe^x]_0^1 - [e^x]_0^1 = (1\cdot e^1 - 0\cdot e^0) - (e^1 - e^0) = 1$

(2) $I = \displaystyle\int_0^{\frac{\pi}{2}} e^x \sin x\,dx$ とおく.

$$I = \int_0^{\frac{\pi}{2}} e^x \sin x\,dx = [e^x \sin x]_0^{\frac{\pi}{2}} - \int_0^{\frac{\pi}{2}} e^x \cos x\,dx$$

$$= e^{\frac{\pi}{2}} - \left([e^x \cos x]_0^{\frac{\pi}{2}} + \int_0^{\frac{\pi}{2}} e^x \sin x\,dx\right) = e^{\frac{\pi}{2}} + 1 - I$$

よって $I = \dfrac{1}{2}(e^{\frac{\pi}{2}} + 1)$.

定理 2.15 (置換積分)

$\displaystyle\int_a^b f(x)\,dx$ において $x = g(t)$ とおく. ここで, $g(\alpha) = a$, $g(\beta) = b$ とし, α と β の間において, $g(t)$ は単調関数とする. このとき,

$$\int_a^b f(x)\,dx = \int_\alpha^\beta f(g(t))g'(t)\,dt$$

Point! 定理 2.15 の条件 $g(\alpha) = a$, $g(\beta) = b$ を考えずに, t の積分範囲のみを考慮した場合, 定理 2.15 は, 次のように書き換えることができる.

定理 2.15′

$\displaystyle\int_a^b f(x)\,dx$ において $x = g(t)$ とおく. $a \leqq x \leqq b$ のとき, $\alpha \leqq t \leqq \beta$ かつ $g'(t) \neq 0$ ならば, 次が成り立つ.

$$\int_a^b f(x)\,dx = \int_\alpha^\beta f(g(t))|g'(t)|\,dt$$

例題 2.14 次の定積分を計算しなさい.

(1) $\displaystyle\int_0^1 (2x+1)^2\,dx$ (2) $\displaystyle\int_0^{\frac{\pi}{2}} e^{\sin x}\cos x\,dx$

解答 (1) $2x+1=t$ とおくと, $x=\dfrac{t-1}{2}$. また, 積分範囲は次のように変化する

x	$0 \longrightarrow 1$
t	$1 \longrightarrow 3$

. よって

$$\int_0^1 (2x+1)^2\,dx = \int_1^3 t^2 \left(\frac{t-1}{2}\right)' dt = \int_1^3 \frac{t^2}{2}\,dt = \left[\frac{t^3}{6}\right]_1^3 = \frac{3^3}{6} - \frac{1^3}{6} = \frac{13}{3}$$

(2) $\sin x = t$ とおくと, $\cos x\,dx = dt$ となり, 積分範囲は

x	$0 \longrightarrow \dfrac{\pi}{2}$
t	$0 \longrightarrow 1$

に変化する.

よって

$$\int_0^{\frac{\pi}{2}} e^{\sin x}\cos x\,dx = \int_0^1 e^t\,dt = [e^t]_0^1 = e - 1$$

演習問題

2.12 次の計算をしなさい.

(1) $\displaystyle\int_1^e \log x\,dx$ (2) $\displaystyle\int_0^\pi x\cos x\,dx$ (3) $\displaystyle\int_0^1 xa^x dx\ (a>0)$ (4) $\displaystyle\int_0^{\frac{\pi}{2}} x\sin x\,dx$

(5) $\displaystyle\int_1^e x\log x\,dx$ (6) $\displaystyle\int_0^1 xe^x dx$ (7) $\displaystyle\int_0^1 \tan^{-1} x\,dx$ (8) $\displaystyle\int_1^e (\log x)^2\,dx$

(9) $\displaystyle\int_0^{\frac{\pi}{2}} \sin^3 x\,dx$ (10) $\displaystyle\int_1^e x^3 \log x\,dx$ (11) $\displaystyle\int_0^1 x\sqrt{x+1}\,dx$ (12) $\displaystyle\int_0^1 \sin^{-1} x\,dx$

2.13 次の計算をしなさい.

(1) $\displaystyle\int_0^1 \sqrt{1-x}\,dx$ (2) $\displaystyle\int_0^\pi \sin 2x\,dx$ (3) $\displaystyle\int_{-1}^1 e^{2x}\,dx$

(4) $\displaystyle\int_1^2 \frac{1}{4x^2-1}\,dx$ (5) $\displaystyle\int_0^1 \frac{2x+1}{x^2+3x+2}\,dx$ (6) $\displaystyle\int_0^3 (5x+2)\sqrt{x+1}\,dx$

(7) $\displaystyle\int_{-1}^{\frac{1}{2}} x(2x+3)^{\frac{3}{2}}\,dx$ (8) $\displaystyle\int_0^1 \sqrt[3]{1-x}\,dx$ (9) $\displaystyle\int_{-1}^1 (e^x - e^{-x})\,dx$

(10) $\displaystyle\int_{-\frac{\pi}{2}}^{\frac{\pi}{2}} (\sin 2x - \cos 3x)\,dx$ (11) $\displaystyle\int_{-1}^1 \frac{1-x}{1+x^2}\,dx$ (12) $\displaystyle\int_{-2}^2 x\sqrt{9x^2-4}\,dx$

(13) $\displaystyle\int_0^1 xe^{x^2}\,dx$ (14) $\displaystyle\int_0^1 x\sqrt{1+x^2}\,dx$ (15) $\displaystyle\int_0^2 \frac{1}{\sqrt{x+2}+\sqrt{x}}\,dx$

(16) $\displaystyle\int_1^2 \frac{1}{\sqrt[5]{2x+1}}\,dx$ (17) $\displaystyle\int_1^2 x\sqrt{4-x^2}\,dx$ (18) $\displaystyle\int_0^{\frac{\pi^2}{4}} \sin\sqrt{x}\,dx$

2.8 部分積分・置換積分 2

　不定積分の計算ができれば，自動的に定積分の計算もできる．実は不定積分の計算が難しい場合でも，工夫次第では定積分の計算ができる場合もある．以下，その計算例を紹介する．

例題 2.15　$f(x)$ を関数とする．$\displaystyle\int_0^{\frac{\pi}{2}} f(\sin x)\,dx = \int_0^{\frac{\pi}{2}} f(\cos x)\,dx$ を示しなさい．

解答　$t = \dfrac{\pi}{2} - x$ とおくと，$-dx = dt$ であり，積分範囲は

x	$0 \longrightarrow \dfrac{\pi}{2}$
t	$\dfrac{\pi}{2} \longrightarrow 0$

となる．

よって，

$$\int_0^{\frac{\pi}{2}} f(\sin x)\,dx = -\int_{\frac{\pi}{2}}^0 f\left(\sin\left(\frac{\pi}{2}-t\right)\right) dt = \int_0^{\frac{\pi}{2}} f(\cos t)\,dt$$

例題 2.16　n を $n \geqq 2$ となる自然数とする．次を示しなさい．

$$\int_0^{\frac{\pi}{2}} \sin^n x\,dx = \int_0^{\frac{\pi}{2}} \cos^n x\,dx = \begin{cases} \dfrac{(n-1)(n-3)\cdots 3\cdot 1}{n(n-2)\cdots 4\cdot 2}\cdot\dfrac{\pi}{2} & (n \text{ が偶数のとき}) \\[2ex] \dfrac{(n-1)(n-3)\cdots 4\cdot 2}{n(n-2)\cdots 5\cdot 3} & (n \text{ が奇数のとき}) \end{cases}$$

解答　例題 2.15 より $\displaystyle\int_0^{\frac{\pi}{2}} \sin^n x\,dx = \int_0^{\frac{\pi}{2}} \cos^n x\,dx$ を得るので，$\displaystyle\int_0^{\frac{\pi}{2}} \sin^n x\,dx$ だけを計算すればよい．

$I_n = \displaystyle\int_0^{\frac{\pi}{2}} \sin^n x\,dx$ とおく．部分積分の公式から，

$$\begin{aligned} I_n &= \int_0^{\frac{\pi}{2}} \sin^n x\,dx = \int_0^{\frac{\pi}{2}} \sin x\cdot \sin^{n-1} x\,dx \\ &= \left[-\cos x\cdot \sin^{n-1} x\right]_0^{\frac{\pi}{2}} + (n-1)\int_0^{\frac{\pi}{2}} \cos^2 x \sin^{n-2} x\,dx \\ &= (n-1)\int_0^{\frac{\pi}{2}} (\sin^{n-2} x - \sin^n x)\,dx = (n-1)(I_{n-2} - I_n) \end{aligned}$$

よって，$I_n = \dfrac{n-1}{n} I_{n-2}$．

ここで，$I_0 = \displaystyle\int_0^{\frac{\pi}{2}} dx = \dfrac{\pi}{2}$，$I_1 = \displaystyle\int_0^{\frac{\pi}{2}} \sin x\,dx = [-\cos x]_0^{\frac{\pi}{2}} = 1$ より次を得る．

n が偶数のとき，

$$\begin{aligned} I_n &= \frac{n-1}{n} I_{n-2} = \frac{n-1}{n}\cdot\frac{n-3}{n-2} I_{n-4} = \cdots \\ &= \frac{(n-1)(n-3)\cdots 3\cdot 1}{n(n-2)\cdots 4\cdot 2} I_0 = \frac{(n-1)(n-3)\cdots 3\cdot 1}{n(n-2)\cdots 4\cdot 2}\cdot\frac{\pi}{2} \end{aligned}$$

n が奇数のとき，

$$I_n = \frac{n-1}{n}I_{n-2} = \frac{n-1}{n}\cdot\frac{n-3}{n-2}I_{n-4} = \cdots$$
$$= \frac{(n-1)(n-3)\cdots 4\cdot 2}{n(n-2)\cdots 5\cdot 3}I_1 = \frac{(n-1)(n-3)\cdots 4\cdot 2}{n(n-2)\cdots 5\cdot 3}$$

例題 2.17　次の計算をしなさい.

(1) $\displaystyle\int_0^\pi \sin^3 x\,dx$　　　(2) $\displaystyle\int_{-\pi}^\pi \cos^4 x\,dx$

解答　(1) $\displaystyle\int_0^\pi \sin^3 x\,dx = \int_0^{\frac{\pi}{2}} \sin^3 x\,dx + \int_{\frac{\pi}{2}}^\pi \sin^3 x\,dx$ である. ここで，$\displaystyle\int_{\frac{\pi}{2}}^\pi \sin^3 x\,dx$ にお

いて $t = x - \dfrac{\pi}{2}$ とおく. このとき $dx = dt$,

x	$\dfrac{\pi}{2} \longrightarrow \pi$
t	$0 \longrightarrow \dfrac{\pi}{2}$

, $\sin x = \sin\left(t + \dfrac{\pi}{2}\right) = \cos t$.

よって，

$$\int_0^\pi \sin^3 x\,dx = \int_0^{\frac{\pi}{2}} \sin^3 x\,dx + \int_{\frac{\pi}{2}}^\pi \sin^3 x\,dx = \int_0^{\frac{\pi}{2}} \sin^3 x\,dx + \int_0^{\frac{\pi}{2}} \cos^3 t\,dt = \frac{4}{3}$$

(2) $\cos^4 x$ は偶関数なので

$$\int_{-\pi}^\pi \cos^4 x\,dx = 2\int_0^\pi \cos^4 x\,dx = 2\int_0^{\frac{\pi}{2}} \cos^4 x\,dx + 2\int_{\frac{\pi}{2}}^\pi \cos^4 x\,dx$$

ここで，$\displaystyle\int_{\frac{\pi}{2}}^\pi \cos^4 x\,dx$ において $t = x - \dfrac{\pi}{2}$ とおく. このとき，$dx = dt$,

x	$\dfrac{\pi}{2} \longrightarrow \pi$
t	$0 \longrightarrow \dfrac{\pi}{2}$

,

$\cos x = \cos\left(t + \dfrac{\pi}{2}\right) = -\sin t$. よって，

$$\int_{-\pi}^\pi \cos^4 x\,dx = 2\int_0^{\frac{\pi}{2}} \cos^4 x\,dx + 2\int_{\frac{\pi}{2}}^\pi \cos^4 x\,dx = 2\int_0^{\frac{\pi}{2}} \cos^4 x\,dx + 2\int_0^{\frac{\pi}{2}} \sin^4 t\,dt = \frac{3}{4}\pi$$

例題 2.18　n を実数とする. $\displaystyle\int_0^{\frac{\pi}{2}} \frac{\sin^n x}{\sin^n x + \cos^n x}\,dx$ を計算しなさい.

解答　$I = \displaystyle\int_0^{\frac{\pi}{2}} \frac{\sin^n x}{\sin^n x + \cos^n x}\,dx$ とおく. このとき，例題 2.15 と同様の議論から $I = $

$\displaystyle\int_0^{\frac{\pi}{2}} \frac{\cos^n x}{\cos^n x + \sin^n x}\,dx$. よって，

$$2I = \int_0^{\frac{\pi}{2}} \frac{\sin^n x}{\sin^n x + \cos^n x}\,dx + \int_0^{\frac{\pi}{2}} \frac{\cos^n x}{\cos^n x + \sin^n x}\,dx = \int_0^{\frac{\pi}{2}} dx = \frac{\pi}{2}$$

よって, $I = \dfrac{\pi}{4}$.

演習問題

2.14 次の計算をしなさい.

(1) $\displaystyle\int_0^{2\pi} \sin^6 x \, dx$ (2) $\displaystyle\int_{-\frac{3}{2}\pi}^{\pi} \cos^3 x \, dx$ (3) $\displaystyle\int_{-\pi}^{\pi} \sin^5 2x \, dx$

(4) $\displaystyle\int_0^{\frac{\pi}{2}} \dfrac{\sin^2 x \cos x}{\sin x + \cos x} \, dx$

2.15 指示された置換を利用して次の計算をしなさい.

(1) $\displaystyle\int_0^{\pi} x \sin^2 x \, dx$, $(t = \pi - x)$ (2) $\displaystyle\int_0^1 \dfrac{\log(1+x)}{1+x^2} \, dx$, $(x = \tan t)$

2.9 区分求積法と不等式

区分求積法という名称は,文字通り図形の面積を求める方法に由来している.これは定積分の定義によるものであるが,公式として覚えても興味深い.一方,定積分の計算が難しい場合,正確な値の代わりに近似値を求めることができれば十分な場合もある.そのための不等式を利用した手法を紹介しよう.

> **定理 2.16** (区分求積法)
>
> $f(x)$ を関数とする.実数 $a < b$ に対して,次が成り立つ.
>
> $$\lim_{n\to\infty} \frac{b-a}{n} \sum_{k=1}^{n} f\left(\frac{b-a}{n}k + a\right) = \int_a^b f(x) \, dx$$
>
> 特に $a = 0$, $b = 1$ とすれば,次を得る.
>
> $$\lim_{n\to\infty} \frac{1}{n} \sum_{k=1}^{n} f\left(\frac{k}{n}\right) = \int_0^1 f(x) \, dx$$
>
> このように,定積分を用いて数列の和の極限を計算する方法を**区分求積法**と呼ぶ.

 定理 2.16 において,$\displaystyle\sum_{k=1}^{n}$ は $\displaystyle\sum_{k=0}^{n-1}$ としてもよい.

例題 2.19 次の極限値を求めなさい.

(1) $\displaystyle\lim_{n\to\infty} \frac{\sqrt{1} + \sqrt{2} + \cdots + \sqrt{n}}{n\sqrt{n}}$ (2) $\displaystyle\lim_{n\to\infty} \sum_{k=1}^{n} \frac{n}{k^2 + n^2}$

解答 (1) 区分求積法の公式に当てはめるように式変形をする.

$$\lim_{n\to\infty} \frac{\sqrt{1} + \sqrt{2} + \cdots + \sqrt{n}}{n\sqrt{n}} = \lim_{n\to\infty} \frac{1}{n}\left(\sqrt{\frac{1}{n}} + \sqrt{\frac{2}{n}} + \cdots + \sqrt{\frac{n}{n}}\right)$$

$$= \lim_{n\to\infty} \frac{1}{n} \sum_{k=1}^{n} \sqrt{\frac{k}{n}} = \int_0^1 \sqrt{x} \, dx = \frac{2}{3}$$

(2)
$$\lim_{n\to\infty}\sum_{k=1}^{n}\frac{n}{k^2+n^2} = \lim_{n\to\infty}\frac{1}{n}\sum_{k=1}^{n}\frac{n^2}{k^2+n^2}$$
$$= \lim_{n\to\infty}\frac{1}{n}\sum_{k=1}^{n}\frac{1}{(\frac{k}{n})^2+1}$$
$$= \int_0^1\frac{1}{x^2+1}\,dx = [\tan^{-1}x]_0^1 = \frac{\pi}{4}$$

　定積分の計算が困難なときは，その定積分の値の代わりに近似値を求めることもある．その際，不等式の考え方は大切である．

定理 2.17

$f(x),\,g(x)$ を関数，$a,b\in\mathbb{R}$ とする．

$$x\in[a,b] \text{ のとき，} f(x)\leqq g(x) \text{ ならば，} \int_a^b f(x)\,dx\leqq\int_a^b g(x)\,dx$$

例題 2.20　次の不等式を示しなさい．

(1) $\log(1+\sqrt{2}) < \displaystyle\int_0^1\frac{1}{\sqrt{x^3+1}}\,dx < 1$

(2) $\dfrac{1}{2}+\dfrac{1}{3}+\cdots+\dfrac{1}{n+1} < \log(n+1) < 1+\dfrac{1}{2}+\dfrac{1}{3}+\cdots+\dfrac{1}{n}$

Point!　例題 2.20 の (2) から，$1+\dfrac{1}{2}+\dfrac{1}{3}+\cdots+\dfrac{1}{n}+\cdots = +\infty$ であることがわかる．

解答　(1) $0 < x < 1$ に対して，$1 < \sqrt{x^3+1} < \sqrt{x^2+1}$ であるから，

$$\frac{1}{\sqrt{x^2+1}} < \frac{1}{\sqrt{x^3+1}} < 1$$

が成り立つ．よって，

$$\int_0^1\frac{1}{\sqrt{x^2+1}}\,dx < \int_0^1\frac{1}{\sqrt{x^3+1}}\,dx < \int_0^1 dx.$$

ここで，左辺と右辺はそれぞれ

$$\int_0^1\frac{1}{\sqrt{x^2+1}}\,dx = \Big[\log(x+\sqrt{x^2+1})\Big]_0^1 = \log(1+\sqrt{2}), \qquad \int_0^1 dx = [x]_0^1 = 1$$

ゆえに，

$$\log(1+\sqrt{2}) < \int_0^1\frac{1}{\sqrt{x^3+1}}\,dx < 1$$

なお，$\log(1+\sqrt{2}) = 0.88137$ である．

(2) $k < x < k+1$ のとき，$\dfrac{1}{k+1} < \dfrac{1}{x} < \dfrac{1}{k}$ だから，

$$\frac{1}{k+1} = \int_k^{k+1}\frac{1}{k+1}\,dx < \int_k^{k+1}\frac{1}{x}\,dx < \int_k^{k+1}\frac{1}{k}\,dx = \frac{1}{k}$$

よって,

$$\log{(n+1)} = \int_1^{n+1} \frac{1}{x}\,dx = \int_1^2 \frac{1}{x}\,dx + \int_2^3 \frac{1}{x}\,dx + \cdots + \int_n^{n+1} \frac{1}{x}\,dx$$

$$< 1 + \frac{1}{2} + \frac{1}{3} + \cdots + \frac{1}{n}$$

同様に,

$$\log{(n+1)} = \int_1^{n+1} \frac{1}{x}\,dx = \int_1^2 \frac{1}{x}\,dx + \int_2^3 \frac{1}{x}\,dx + \cdots + \int_n^{n+1} \frac{1}{x}\,dx$$

$$> \frac{1}{2} + \frac{1}{3} + \cdots + \frac{1}{n+1}$$

演習問題

2.16　次の極限値を求めなさい.

(1) $\displaystyle \lim_{n\to\infty} \frac{1}{n}\left(e^{\frac{1}{n}} + e^{\frac{2}{n}} + \cdots + e^{\frac{n}{n}} \right)$

(2) $\displaystyle \lim_{n\to\infty} \frac{1}{n}\left(\sin\frac{\pi}{n} + \sin\frac{2\pi}{n} + \cdots + \sin\frac{n\pi}{n} \right)$

(3) $\displaystyle \lim_{n\to\infty} \frac{1}{\sqrt{n}}\left(\frac{1}{\sqrt{n}} + \frac{1}{\sqrt{n+1}} + \cdots + \frac{1}{\sqrt{2n-1}} \right)$

(4) $\displaystyle \lim_{n\to\infty} \left(\frac{1}{n+1}\log\frac{n+1}{n} + \frac{1}{n+2}\log\frac{n+2}{n} + \cdots + \frac{1}{n+n}\log\frac{n+n}{n} \right)$

2.17　次の問に答えなさい.

(1) $0 < x \leqq \dfrac{\pi}{4}$ のとき, $1 < \dfrac{1}{\sqrt{1-\sin x}} < \dfrac{1}{\sqrt{1-x}}$ が成り立つ. これを用いて, 次の不等式を示しなさい.

$$\frac{\pi}{4} < \int_0^{\frac{\pi}{4}} \frac{1}{\sqrt{1-\sin x}}\,dx < 2 - \sqrt{4-\pi}$$

(2) $0 < x < \dfrac{1}{2}$ のとき, $\sqrt{1-x^2} < \sqrt{1-x^4} < 1$ が成り立つ. これを用いて, 次の不等式を示しなさい.

$$\frac{1}{2} < \int_0^{\frac{1}{2}} \frac{1}{\sqrt{1-x^4}}\,dx < \frac{\pi}{6}$$

(3) $0 \leqq x \leqq 1$ のとき, $1 - x^2 \leqq 1 - x^4 \leqq 2(1-x^2)$ が成り立つ. これを用いて, 次の不等式を示しなさい.

$$\frac{\pi}{4} \leqq \int_0^1 \sqrt{1-x^4}\,dx \leqq \frac{\sqrt{2}\pi}{4}$$

(4) $0 \leqq x \leqq 1$ のとき, $0 \leqq x^2 \leqq x$ が成り立つ. これを用いて, 次の不等式を示しなさい.

$$2\left(1 - \frac{1}{\sqrt{e}} \right) \leqq \int_0^1 e^{-\frac{x^2}{2}}\,dx \leqq 1$$

2.18　定積分を利用して, 次の不等式を示しなさい.

(1) $\dfrac{\pi}{4} < \displaystyle\int_0^1 \frac{1}{x^3+1}\,dx < 1$

(2) $n \geqq 2$ のとき, $\displaystyle\sum_{k=1}^n \frac{1}{(k+1)^2} < 1 - \frac{1}{n+1} < \sum_{k=1}^n \frac{1}{k^2}$

(3) $\displaystyle\sum_{k=1}^{n} \frac{1}{\sqrt{k+1}} < 2(\sqrt{n+1}-1) < \sum_{k=1}^{n} \frac{1}{\sqrt{k}}$

(4) $\displaystyle\sum_{k=1}^{n} \frac{1}{2k+1} < \frac{1}{2}\log{(2n+1)} < \sum_{k=1}^{n} \frac{1}{2k-1}$

2.10　広義積分

　定理 2.16 によれば，定積分は数列の和の極限としてみてとれる．しかしながら，そのアイディアでは積分区間の端点が $f(x)$ の定義域外であったり，積分区間が無限区間となる場合は定積分の計算はできないことになる．そこで，極限を使うことでこの困難を解決しようというのが広義積分である．広義積分の計算はデリケートな極限の計算を必要とするので注意が必要である．

> **定義 2.3** (広義積分)
> 　関数 $f(x)$ に対して，積分区間が無限区間であったり，積分区間内に $f(x)$ の定義域外の値を含むような定積分を**広義積分**と呼ぶ．

　広義積分の計算は，次の例題のように極限を用いて行う．

例題 2.21　次の計算をしなさい．

(1) $\displaystyle\int_{1}^{\infty} \frac{1}{x^2}\,dx$　　　(2) $\displaystyle\int_{0}^{1} \frac{1}{x^2}\,dx$　　　(3) $\displaystyle\int_{-1}^{1} \frac{1}{x^3}\,dx$

解答　(1) $\displaystyle\int_{1}^{\infty} \frac{1}{x^2}\,dx = \lim_{a\to\infty}\int_{1}^{a} \frac{1}{x^2}\,dx = \lim_{a\to\infty}\left[-\frac{1}{x}\right]_{1}^{a} = \lim_{a\to\infty}\left(-\frac{1}{a}+1\right) = 1$

(2) $\displaystyle\int_{0}^{1} \frac{1}{x^2}\,dx = \lim_{a\to+0}\int_{a}^{1} \frac{1}{x^2}\,dx = \lim_{a\to+0}\left[-\frac{1}{x}\right]_{a}^{1} = -1 + \lim_{a\to+0}\frac{1}{a} = +\infty$

よって広義積分 $\displaystyle\int_{0}^{1} \frac{1}{x^2}\,dx$ は存在しない．

(3) $x = 0$ において $\dfrac{1}{x^3}$ は定義されないので，その前後の区間に分けて別々に積分をする．

$$\int_{-1}^{1} \frac{1}{x^3}\,dx = \int_{-1}^{0} \frac{1}{x^3}\,dx + \int_{0}^{1} \frac{1}{x^3}\,dx$$

$$= \lim_{a\to-0}\int_{-1}^{a} \frac{1}{x^3}\,dx + \lim_{b\to+0}\int_{b}^{1} \frac{1}{x^3}\,dx$$

$$= \lim_{a\to-0}\left[-\frac{1}{2}\cdot\frac{1}{x^2}\right]_{-1}^{a} + \lim_{b\to+0}\left[-\frac{1}{2}\cdot\frac{1}{x^2}\right]_{b}^{1}$$

$$= \lim_{a\to-0}\left(-\frac{1}{2a^2}\right) + \frac{1}{2} - \frac{1}{2} - \lim_{b\to+0}\left(-\frac{1}{2b^2}\right)$$

$$= -\infty + \frac{1}{2} - \frac{1}{2} + \infty$$

これより, 広義積分 $\displaystyle\int_{-1}^{1} \frac{1}{x^3}\,dx$ は存在しない.

注意. (3) において,

$$\int_{-1}^{1} \frac{1}{x^3}\,dx = \left[-\frac{1}{2}\cdot\frac{1}{x^2} \right]_{-1}^{1} = -\frac{1}{2}+\frac{1}{2} = 0$$

と安易にやってはいけない. また, 極限の計算をする際に同じ文字を用いてもいけない. 実際, 同じ文字を用いた場合,

$$\int_{-1}^{1} \frac{1}{x^3}\,dx = \int_{-1}^{0} \frac{1}{x^3}\,dx + \int_{0}^{1} \frac{1}{x^3}\,dx$$

$$= \lim_{a\to+0}\int_{-1}^{-a} \frac{1}{x^3}\,dx + \lim_{a\to+0}\int_{a}^{1} \frac{1}{x^3}\,dx$$

$$= \lim_{a\to+0}\left[-\frac{1}{2}\cdot\frac{1}{x^2} \right]_{-1}^{-a} + \lim_{a\to+0}\left[-\frac{1}{2}\cdot\frac{1}{x^2} \right]_{a}^{1}$$

$$= \lim_{a\to+0}\left(-\frac{1}{2a^2} \right) + \frac{1}{2} - \frac{1}{2} - \lim_{a\to+0}\left(-\frac{1}{2a^2} \right) = 0$$

となり, 正解にならない. また, 解答では計算結果を "$-\infty + \dfrac{1}{2} - \dfrac{1}{2} + \infty$" とした. このような表記は一般的ではないが, 本書では発散のイメージを見やすくするために, あえてこのような表記をしている.

例題 2.22 次の計算をしなさい.

(1) $\displaystyle\int_{-1}^{2} \frac{1}{x^2-x-2}\,dx$ 　　(2) $\displaystyle\int_{1}^{3} \frac{1}{\sqrt{-x^2+4x-3}}\,dx$

解答 (1) $x^2-x-2=(x+1)(x-2)$ より, $x=-1,2$ において $\dfrac{1}{x^2-x-2}$ は定義されない. よって, これは広義積分である.

$$\int_{-1}^{2} \frac{1}{x^2-x-2}\,dx = \int_{-1}^{2} \frac{1}{(x+1)(x-2)}\,dx$$

$$= \lim_{\substack{a\to-1+0\\ b\to2-0}} \frac{1}{3}\int_{a}^{b} \left(\frac{1}{x-2} - \frac{1}{x+1} \right)dx$$

$$= \lim_{\substack{a\to-1+0\\ b\to2-0}} \frac{1}{3}\left[\log|x-2| - \log|x+1| \right]_{a}^{b}$$

$$= \lim_{\substack{a\to-1+0\\ b\to2-0}} \frac{1}{3}\left\{ (\log|b-2|-\log|b+1|) - (\log|a-2|-\log|a+1|) \right\}$$

$$= -\infty - \frac{1}{3}\log 3 - \frac{1}{3}\log 3 + \infty$$

これより, 広義積分 $\displaystyle\int_{-1}^{2} \frac{1}{x^2-x-2}\,dx$ は存在しない.

(2) $-x^2+4x-3=-(x-1)(x-3)$ より, $x=1,3$ において $\dfrac{1}{\sqrt{-x^2+4x-3}}$ は定義されな

い．よって，これは広義積分である．

$$\int_1^3 \frac{1}{\sqrt{-x^2+4x-3}}\,dx = \lim_{\substack{a\to 1+0 \\ b\to 3-0}} \int_a^b \frac{1}{\sqrt{1-(x-2)^2}}\,dx$$

$$= \lim_{\substack{a\to 1+0 \\ b\to 3-0}} \left[\sin^{-1}(x-2)\right]_a^b$$

$$= \lim_{\substack{a\to 1+0 \\ b\to 3-0}} \{\sin^{-1}(b-2)-\sin^{-1}(a-2)\} = \pi$$

広義積分の計算をする前に置き換えをしてもよい．

例題 2.23   次の計算をしなさい．

(1) $\displaystyle\int_0^{\frac{\pi}{2}} \log\tan x\,dx$ (2) $\displaystyle\int_e^\infty \frac{1}{x(\log x)^2}\,dx$ (3) $\displaystyle\int_0^{\frac{\pi}{2}} \log\sin x\,dx$

解答   (1) 最初に $\displaystyle\int_0^{\frac{\pi}{2}} \log\tan x\,dx = \int_0^{\frac{\pi}{2}} \log\sin x\,dx - \int_0^{\frac{\pi}{2}} \log\cos x\,dx$ である．ここで，例題 2.15 より次が成り立つ．

$$\int_0^{\frac{\pi}{2}} \log\cos x\,dx = \int_0^{\frac{\pi}{2}} \log\sin x\,dx$$

よって，

$$\int_0^{\frac{\pi}{2}} \log\tan x\,dx = \int_0^{\frac{\pi}{2}} \log\sin x\,dx - \int_0^{\frac{\pi}{2}} \log\cos x\,dx = \int_0^{\frac{\pi}{2}} \log\sin x\,dx - \int_0^{\frac{\pi}{2}} \log\sin x\,dx = 0$$

(2) $t = \log x$ とおくと，$dt = \dfrac{1}{x}\,dx$,

x	$e \longrightarrow \infty$
t	$1 \longrightarrow \infty$

より，

$$\int_e^\infty \frac{1}{x(\log x)^2}\,dx = \int_1^\infty \frac{1}{t^2}\,dt = \lim_{a\to\infty} \int_1^a \frac{1}{t^2}\,dt$$

$$= \lim_{a\to\infty} \left[-\frac{1}{t}\right]_1^a = \lim_{a\to\infty} \left(-\frac{1}{a}\right) + 1 = 1$$

(3) 最初に，$I = \displaystyle\int_0^{\frac{\pi}{2}} \log\sin x\,dx$ として，$t = \pi - x$ と変数変換したものを用意しておく．

$t = \pi - x$ ならば $dt = -dx$,

x	$0 \longrightarrow \dfrac{\pi}{2}$
t	$\pi \longrightarrow \dfrac{\pi}{2}$

．よって，

$$I = -\int_\pi^{\frac{\pi}{2}} \log\sin(\pi-t)\,dt = \int_{\frac{\pi}{2}}^\pi \log\sin t\,dt$$

ゆえに，$\displaystyle\int_0^\pi \log\sin x\,dx = \int_0^{\frac{\pi}{2}} \log\sin x\,dx + \int_{\frac{\pi}{2}}^\pi \log\sin x\,dx = 2I$ となるから，

$$I = \frac{1}{2}\int_0^\pi \log\sin x\,dx$$

ここで, $x = 2t$ とおく. すると $dx = 2dt$,

x	$0 \longrightarrow \pi$
t	$0 \longrightarrow \dfrac{\pi}{2}$

. よって,

$$
\begin{aligned}
I = \frac{1}{2}\int_0^\pi \log \sin x \, dx &= \int_0^{\frac{\pi}{2}} \log \sin 2t \, dt \\
&= \int_0^{\frac{\pi}{2}} \log \left(2\sin t \cos t\right) dt \qquad (\sin x \text{ の倍角の公式}) \\
&= \log 2 \int_0^{\frac{\pi}{2}} dt + \int_0^{\frac{\pi}{2}} \log \sin t \, dt + \int_0^{\frac{\pi}{2}} \log \cos t \, dt \\
&= \log 2 \cdot [t]_0^{\frac{\pi}{2}} + I + I \quad (\text{例題 2.15}) \\
&= \frac{\pi}{2} \log 2 + 2I
\end{aligned}
$$

このことより $I = -\dfrac{\pi}{2} \log 2$.

演習問題

2.19 次の計算をしなさい.

(1) $\displaystyle\int_0^\infty e^{-x} \, dx$

(2) $\displaystyle\int_1^\infty \frac{1}{\sqrt{1+x}} \, dx$

(3) $\displaystyle\int_2^\infty \frac{1}{(1-x)^2} \, dx$

(4) $\displaystyle\int_0^\infty \frac{1}{1+x^2} \, dx$

(5) $\displaystyle\int_1^\infty \frac{1}{(1-x)^2} \, dx$

(6) $\displaystyle\int_2^\infty \frac{1}{x(x-1)} \, dx$

(7) $\displaystyle\int_1^2 \frac{1}{(x-1)(x-2)} \, dx$

(8) $\displaystyle\int_{-2}^0 \frac{1}{\sqrt{-x^2-2x}} \, dx$

(9) $\displaystyle\int_{-1}^1 \frac{1}{x^{\frac{2}{3}}} \, dx$

(10) $\displaystyle\int_0^2 \frac{1}{\sqrt{-x^2+2x+3}} \, dx$

(11) $\displaystyle\int_0^e x \log x \, dx$

(12) $\displaystyle\int_0^1 \frac{1+x^2}{\sqrt{1-x^2}} \, dx$

(13) $\displaystyle\int_0^\pi \tan x \, dx$

(14) $\displaystyle\int_{-1}^1 \frac{\log |x|}{\sqrt[3]{x}} \, dx$

(15) $\displaystyle\int_0^4 \frac{1}{\sqrt{x}} \, dx$

(16) $\displaystyle\int_1^\infty \frac{1}{x(1+x^2)} \, dx$

(17) $\displaystyle\int_1^\infty \frac{\tan^{-1} x}{x^2} \, dx$

(18) $\displaystyle\int_0^\infty \tan^{-1} \frac{1}{x} \, dx$

2.20 広義積分 $\displaystyle\int_1^\infty \frac{1}{x^s} \, dx$ が存在するための実数 s の範囲と, そのときの広義積分の値を求めなさい. また, $\displaystyle\int_0^1 \frac{1}{x^s} \, dx$ の場合はどうなるのか考えなさい.

2.11 図形の面積

　曲線に囲まれた図形の面積を求めることは, 四角形や三角形の面積と比べて格段に難しい. この問題を解決するために, 定積分の定義となるアイディアが考え出された. すなわち, 任意の図形を無数の長方形の集まりで近似し, その面積を求め, 最後に近似の精度を高めていく方法である. それゆえ, 曲線に囲まれた図形の面積を求めることは定積分の本来の役割と考えることもできる. 次の公式を使うことで曲線に囲まれた図形の面積を求めることができる.

定理 **2.18** (図形の面積)
2 つの関数 $y = f(x)$, $y = g(x)$ が,
区間 $[a, b]$ において $f(x) \leqq g(x)$ を
みたすとする. このとき, $a \leqq x \leqq b$
における 2 つの曲線 $y = f(x)$ と
$y = g(x)$ の間の部分の面積 S は次
の式で求められる.

$$S = \int_a^b \{g(x) - f(x)\}\, dx$$

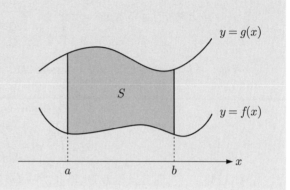

例題 2.24　区間 $[-\pi, \pi]$ において, 2 曲線 $y = \sin x$ と $y = \cos x$ で囲まれた部分の面積を
求めなさい.

解答　$y = \sin x$ と $y = \cos x$ の
交点は $x = -\dfrac{3}{4}\pi, \dfrac{\pi}{4}$ である. 区間
$\left[-\dfrac{3}{4}\pi, \dfrac{\pi}{4}\right]$ において $\sin x \leqq \cos x$
より, 求める部分の面積 S は

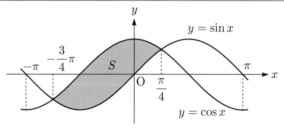

$$S = \int_{-\frac{3}{4}\pi}^{\frac{\pi}{4}} (\cos x - \sin x)\, dx = \left[\sin x + \cos x\right]_{-\frac{3}{4}\pi}^{\frac{\pi}{4}} = 2\sqrt{2}$$

　パラメータ表示された図形の面積は, 置換積分で求めることができる (定理 2.15′ も参照の
こと).

定理 **2.19** (図形の面積 (パラメータ表示))
　パラメータ表示された関数 $\begin{cases} x = f(t) \\ y = g(t) \end{cases}$ が $a < t < b$ において $g(t) \geqq 0$, $f'(t) \neq 0$ の
とき, $a \leqq t \leqq b$ における x 軸とこの関数のグラフの間の部分の面積 S は次の式で求めら
れる.

$$S = \int_a^b g(t)|f'(t)|\, dt$$

例題 2.25　パラメータ θ で表された曲線 $\begin{cases} x = \cos\theta - \sin\theta \\ y = \cos\theta\sin\theta \end{cases}$ の $0 \leqq \theta \leqq \dfrac{\pi}{2}$ の部分と, x
軸とで囲まれた部分の面積を求めなさい.

解答 $0 < \theta < \dfrac{\pi}{2}$ のとき，$y = \cos\theta\sin\theta \geqq 0$, $(\cos\theta - \sin\theta)' = -(\sin\theta + \cos\theta) < 0$ である．よって，求める面積は

$$
\int_0^{\frac{\pi}{2}} \cos\theta\sin\theta |(\cos\theta - \sin\theta)'|\,d\theta = \int_0^{\frac{\pi}{2}} \cos\theta\sin\theta(\sin\theta + \cos\theta)\,d\theta
$$

$$
= \int_0^{\frac{\pi}{2}} (\cos\theta\sin^2\theta + \cos^2\theta\sin\theta)\,d\theta
$$

$$
= \int_0^{\frac{\pi}{2}} (\cos\theta - \cos^3\theta + \sin\theta - \sin^3\theta)\,d\theta
$$

$$
= 2\int_0^{\frac{\pi}{2}} \cos\theta\,d\theta - 2\int_0^{\frac{\pi}{2}} \cos^3\theta\,d\theta = 2 - \frac{4}{3} = \frac{2}{3}
$$

なお，最後の定積分の計算は例題 2.16 の結果を用いた．

　パラメータ表示と並んで重要なのが，極座標表示である．

定義 2.4 (極座標)

xy-平面の点 $\mathrm{A}(x, y)$ において，

$$
\begin{cases} x = r\cos\theta \\ y = r\sin\theta \end{cases}
$$

と置き換えて点 A の位置を (r, θ) で表すことを，点 A の **極座標表示**または**極形式**という．ここで，r と θ の図形的な意味は右図の通りである．

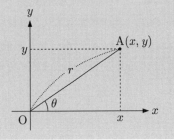

例題 2.26　極座標表示で表された次の関数のグラフの概形を描きなさい．

(1) $r = 1 - \cos\theta$　(カージオイド)　　(2) $r = |\sin 3\theta|$

解答　(1) 最初に $r = 1 - \cos\theta$ のグラフを θr-平面に描く．そして，r は原点からの距離，θ は x 軸とのなす角ということを考慮しながら $r = 1 - \cos\theta$ のグラフの概形を xy-平面に描けばよい．

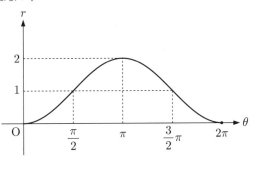

θr-平面

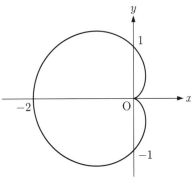

xy-平面 (こちらが解答)

(2) 最初に $r = |\sin 3\theta|$ のグラフを θr-平面に描く. そして, r は原点からの距離, θ は x 軸とのなす角ということを考慮しながら $r = |\sin 3\theta|$ のグラフの概形を xy-平面に描けばよい.

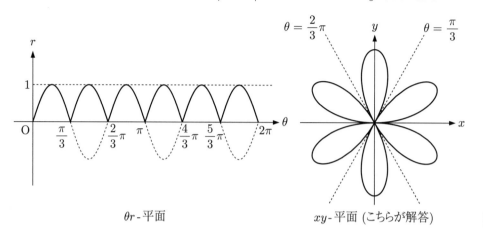

θr-平面　　　　　　　　　　　　　　xy-平面 (こちらが解答)

定理 2.20 (図形の面積 (極座標))

$r = f(\theta)$ を極座標表示された関数, $a, b \in \mathbb{R}$ は $a < b$ とする. 2直線 $\theta = a$, $\theta = b$ と曲線 $r = f(\theta)$ に囲まれる部分の面積 S は次の式で求められる.

$$S = \frac{1}{2} \int_a^b f(\theta)^2 \, d\theta$$

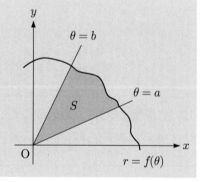

例題 2.27　極形式で表された関数 $r = 2\cos\theta$ のグラフで囲まれる部分の面積を求めなさい.

解答　例題 2.26 と同様の方法で $r = 2\cos\theta$ のグラフを描くと右図のようになる.

ゆえに, 求める部分の面積は

$$2 \cdot \frac{1}{2} \int_0^{\frac{\pi}{2}} 4\cos^2\theta \, d\theta = 4 \int_0^{\frac{\pi}{2}} \frac{1 + \cos 2\theta}{2} \, d\theta$$
$$= 2 \left[\theta + \frac{\sin 2\theta}{2} \right]_0^{\frac{\pi}{2}} = \pi$$

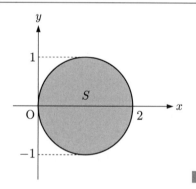

　　必ずしも曲線で囲まれていない図形でも, 広義積分を用いれば, その挟まれる部分の面積を求められることもある.

例題 **2.28** 関数 $y = \dfrac{1}{x^2+1}$ と x 軸との間の部分の面積を求めなさい.

解答 $y = \dfrac{1}{x^2+1}$ のグラフは次のようになる.

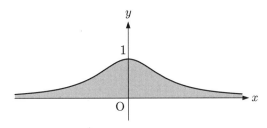

よって, 求める部分の面積は,

$$\int_{-\infty}^{+\infty} \frac{1}{x^2+1}\, dx = \lim_{\substack{a \to -\infty \\ b \to +\infty}} \int_a^b \frac{1}{x^2+1}\, dx$$

$$= \lim_{\substack{a \to -\infty \\ b \to +\infty}} \left[\tan^{-1} x\right]_a^b = \lim_{\substack{a \to -\infty \\ b \to +\infty}} \left(\tan^{-1} b - \tan^{-1} a\right) = \pi$$

演習問題

2.21 次の各組の曲線や直線によって囲まれた図形の面積の和を求めなさい.

(1) $y = x^3 - x^2 + 2$, 点 $(1, 2)$ における接線

(2) $y = x^3 - 3x$, $y = 2x^2$

(3) $y = 2x^2$, $y^2 = 4x$

(4) $\sqrt{x} + \sqrt{y} = 1$, x 軸, y 軸

(5) $y = \log x$, x 軸, y 軸, $y = 1$

(6) $y = x^4 - 2x^2 + 1$, x 軸

(7) $y = -x^4 + 2x^2$, $y = x^2$

(8) $y = \dfrac{1}{x^2+3}$, $y = \dfrac{1}{4}$

(9) $y = \sin x$ $(0 \leqq x \leqq 2\pi)$, x 軸

(10) $y = \log x$, x 軸, $x = e$

(11) $y = xe^{-x}$, x 軸, $x = 2$

(12) $y = \dfrac{x}{1+x^2}$, $y = \dfrac{x}{2}$

(13) $y = \sin 2x$, $y = \sin x$ $(0 \leqq x \leqq \pi)$

(14) $y = x(x-1)(x-3)$, x 軸

(15) $y = x(x-2)^2$, x 軸

(16) $y = x + \dfrac{2}{x} - 3$, x 軸

(17) $y = \sin x(1 + \cos x)$, x 軸 $(0 \leqq x \leqq \pi)$

(18) $4x^2 + y^2 = 1$

2.22 次の図形の面積を求めなさい.

(1) 原点から $y = \log x$ に引いた接線を l とする. $y = \log x$, l および x 軸で囲まれた図形.

(2) 原点から $y = \dfrac{\log x}{x}$ に引いた接線を l とする. $y = \dfrac{\log x}{x}$, l および x 軸で囲まれた図形.

(3) $y = \dfrac{1}{3}x^2$ の x 座標が $1, -3$ である 2 点 A, B における 2 つの接線と, この曲線とで囲まれた図形.

2.23 次のパラメータ表示されたの関数のグラフと x 軸とで囲まれた図形の面積を求めなさい.

(1) $\begin{cases} x = 2t + 1 \\ y = 2t - t^2 \end{cases}$ $(0 \leqq t \leqq 2)$ (2) $\begin{cases} x = 3 - t \\ y = t^2 - 2t - 3 \end{cases}$ $(-1 \leqq t \leqq 3)$

(3) $\begin{cases} x = \theta - \sin\theta \\ y = 1 - \cos\theta \end{cases}$ $(0 \leqq \theta \leqq 2\pi)$ (4) $\begin{cases} x = \sin^3\theta \\ y = \cos^3\theta \end{cases}$ $(0 \leqq \theta \leqq \pi)$

2.24 次の極座標で表された関数の概形を描き,その曲線で囲まれる部分の面積を求めなさい.

(1) $r = 2\sin\theta$ (2) $r = |\sin 2\theta|$ (3) $r = 1 - \cos\theta$ (4) $r^2 = 2\cos 2\theta$

2.12 曲線の長さ

曲線の長さも定積分を用いて求めることができる.前節と同様に,$y = f(x)$ という形で表示された関数,パラメータ表示された関数,極座標表示された関数について,それぞれ曲線の長さを求める公式を紹介する.

> **定理 2.21** (曲線の長さ)
>
> 関数 $f(x)$ に対して,$a \leqq x \leqq b$ における曲線 $y = f(x)$ の長さ L は次の式で求められる.
> $$L = \int_a^b \sqrt{1 + f'(x)^2}\,dx$$

> **例題 2.29** 曲線 $y = \log(1 - x^2)$ の $0 \leqq x \leqq \dfrac{1}{2}$ の部分の長さを求めなさい.

解答 $y' = -\dfrac{2x}{1 - x^2}$ より,

$$L = \int_0^{\frac{1}{2}} \sqrt{1 + \left(-\frac{2x}{1-x^2}\right)^2}\,dx = \int_0^{\frac{1}{2}} \sqrt{\frac{(1+x^2)^2}{(1-x^2)^2}}\,dx$$

$$= \int_0^{\frac{1}{2}} \frac{1+x^2}{1-x^2}\,dx = \int_0^{\frac{1}{2}} \left(\frac{1}{1-x} + \frac{1}{1+x} - 1\right)dx$$

$$= \left[-\log|1-x| + \log|1+x| - x\right]_0^{\frac{1}{2}} = \log 3 - \frac{1}{2}$$

> **定理 2.22** (曲線の長さ (パラメータ表示))
>
> パラメータ表示された関数 $\begin{cases} x = x(t) \\ y = y(t) \end{cases}$ に対して,$\alpha \leqq t \leqq \beta$ における曲線 $(x(t), y(t))$ の長さ L は次の式で求められる.
> $$L = \int_\alpha^\beta \sqrt{x'(t)^2 + y'(t)^2}\,dt$$

例題 2.30 サイクロイド $\begin{cases} x = \theta - \sin\theta \\ y = 1 - \cos\theta \end{cases}$ の $0 \leqq \theta \leqq 2\pi$ の部分の長さを求めなさい.

解答 $x = f(\theta),\ y = g(\theta)$ とおくと,$f'(\theta) = 1 - \cos\theta,\ g'(\theta) = \sin\theta$ である. よって求める曲線の長さ L は

$$L = \int_0^{2\pi} \sqrt{(1-\cos\theta)^2 + \sin^2\theta}\, d\theta = \int_0^{2\pi} \sqrt{2 - 2\cos\theta}\, d\theta$$

$$= \int_0^{2\pi} \sqrt{4 \cdot \frac{1-\cos\theta}{2}}\, d\theta = \int_0^{2\pi} \sqrt{4\sin^2\frac{\theta}{2}}\, d\theta$$

$$= \int_0^{2\pi} 2\sin\frac{\theta}{2}\, d\theta = \left[-4\cos\frac{\theta}{2}\right]_0^{2\pi} = 8$$

定理 2.23 (曲線の長さ (極座標))

極座標表示された関数 $r = f(\theta)$ に対して,$\alpha \leqq \theta \leqq \beta$ における曲線の長さ L は次の式で求められる.

$$L = \int_\alpha^\beta \sqrt{f(\theta)^2 + f'(\theta)^2}\, d\theta$$

例題 2.31 極座標表示された関数 $r = 1 - \cos\theta$ の全長を求めなさい.

解答 $f(\theta) = 1 - \cos\theta$ とおくと,$f'(\theta) = \sin\theta$ より

$$f(\theta)^2 + f'(\theta)^2 = (1 - \cos\theta)^2 + \sin^2\theta$$

$$= 1 - 2\cos\theta + \cos^2\theta + \sin^2\theta$$

$$= 2(1 - \cos\theta) = 4\sin^2\frac{\theta}{2}$$

よって

$$L = \int_0^{2\pi} \sqrt{4\sin^2\frac{\theta}{2}}\, d\theta = 2\int_0^{2\pi} \sin\frac{\theta}{2}\, d\theta = 4\left[-\cos\frac{\theta}{2}\right]_0^{2\pi} = 8$$

Point! これら 3 つの公式は,すべて互いに導きだすことができる.

演習問題

2.25 次の曲線の指示された区間の長さを求めなさい.

(1) $y = \dfrac{1}{2}x^2,\quad [0,1]$

(2) $y = \log(\cos x),\quad \left[0, \dfrac{\pi}{3}\right]$

(3) $\begin{cases} x = \cos^3\theta \\ y = \sin^3\theta \end{cases},\quad [0, 2\pi]$

(4) $\begin{cases} x = e^t \cos 2\pi t \\ y = e^t \sin 2\pi t \end{cases},\quad \left[0, \dfrac{3}{2}\right]$

2.26 次の極座標で表された曲線の与えられた範囲の長さを求めなさい.

(1) $r = \theta^2$, $(0 \leqq \theta \leqq 2\pi)$ $\qquad$ (2) $r = 1 + \cos\theta$, $(0 \leqq \theta \leqq 2\pi)$

(3) $r = \sin^3\dfrac{\theta}{3}$, $(0 \leqq \theta \leqq 3\pi)$ $\qquad$ (4) $r = e^\theta$, $(0 \leqq \theta \leqq 2\pi)$

(5) $r = \cos^4\dfrac{\theta}{4}$, $(0 \leqq \theta \leqq 2\pi)$ $\qquad$ (6) $r = e^{-\theta}$, $(0 \leqq \theta < \infty)$

2.27 定理 2.21, 定理 2.22, 定理 2.23 がそれぞれ互いに導きあえることを示しなさい.

2.13 回転体の表面積と体積

関数の面積や, 曲線の長さを定積分で求められるのと同様に, 関数のグラフを軸を中心に回転させた図形の体積や表面積を定積分を用いて求めることができる. 本節では, $y = f(x)$ という形で表された関数の公式を紹介する.

> **定理 2.24** (回転体の体積)
>
> 関数 $y = f(x)$ のグラフを x 軸を中心に回転させたとき, $a \leqq x \leqq b$ における回転体の体積 V は次の式で求められる.
> $$V = \pi \int_a^b f(x)^2 \, dx$$

> **定理 2.25** (回転体の表面積)
>
> 関数 $y = f(x)$ のグラフを x 軸を中心に回転させたとき, $a \leqq x \leqq b$ における回転体の表面積 S は次の式で求められる.
> $$S = 2\pi \int_a^b |f(x)| \sqrt{1 + f'(x)^2} \, dx$$

> **例題 2.32** 関数 $y = \sin x$ のグラフを x 軸を中心に回転させる. このとき, $0 \leqq x \leqq \pi$ における回転体の体積 V と表面積 S を求めなさい.

解答 最初に回転体の体積 V を求めよう. 求める体積は,

$$V = \pi \int_0^\pi \sin^2 x \, dx = \pi \int_0^\pi \frac{1 - \cos 2x}{2} \, dx = \pi \left[\frac{x}{2} - \frac{\sin 2x}{4} \right]_0^\pi = \frac{\pi^2}{2}$$

次に, 回転体の表面積 S を求める. 求める表面積は

$$S = 2\pi \int_0^\pi \sin x \sqrt{1 + \cos^2 x} \, dx = 2\pi \left\{ \sqrt{2} + \log\left(\sqrt{2} + 1\right) \right\}$$

なお, 定積分は, $\cos x = t$ とおくと, $2\pi \displaystyle\int_0^\pi \sin x \sqrt{1 + \cos^2 x} \, dx = 2\pi \int_{-1}^1 \sqrt{1 + t^2} \, dt$ となる. さらに $\sqrt{1 + t^2} = t - u$ とおくと, $2\pi \displaystyle\int_{-1}^1 \sqrt{1 + t^2} \, dt = -\frac{\pi}{2} \int_{-1-\sqrt{2}}^{1-\sqrt{2}} \left(u + \frac{2}{u} + \frac{1}{u^3} \right) du$

となり，計算することができる. ▎

演習問題

2.28　次の曲線を x 軸まわりに回転させたとき，与えられた区間 $[a, b]$ における回転体の体積と表面積を求めなさい.

　　(1) $y = x^3$,　$[0, 1]$　　　　　　　(2) $y = \cos x$,　$[0, \pi]$

3

多変数関数の微分法

「大切なのは数字ではなく，その意味である．」
ガー・レイノルズ

　本章では，2 個以上の変数をもつ関数に対する微分の理論を紹介する．主な内容は第 1 章で学習した内容を多変数の場合に置き換えただけである．しかしながら，本章で学習する内容は若干複雑な印象を受けるかもしれない．そのときは，第 1 章の内容と照らし合わせながら学習することで理解が深まるだろう．

3.1　多変数関数の極限

　多変数関数の極限は，多くの場合 1 変数関数と同様に計算できる．しかしながら，1 変数関数の極限計算よりも注意深く計算をしなければならない場合もある．このことは，1 変数関数における右極限，左極限の概念が，多変数関数では全方位での極限へと大幅に拡張されているからである．

　各 $i = 1, 2, \ldots, n$ に対して $x_i \in \mathbb{R}$ とする．このとき，n 個の実数の組 $(x_1, \ldots, x_n)$ の集合を $\mathbb{R}^n$ で表す．

> **定義 3.1** (多変数関数)
> n 個の実数の組 $(x_1, \ldots, x_n) \in \mathbb{R}^n$ に対して，実数 $f(x_1, \ldots, x_n)$ が一意的に定まるとき，この対応関係を **n 変数関数**という．特に，2 個以上の変数をもつ関数をまとめて**多変数関数**という．

Point!　変数の数が 2 個以上であっても，考え方は本質的に変わらないので，本書では 2 変数関数のみ扱う．2 変数関数 $z = f(x, y)$ のグラフは 3 次元空間 $\mathbb{R}^3$ 内の曲面となる．

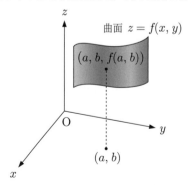

> **定義 3.2** (関数の極限)
>
> $(x, y) \in \mathbb{R}^2$ が $(a, b) \in \mathbb{R}^2$ に限りなく近づくとき，2変数関数 $f(x, y)$ の値が $\alpha \in \mathbb{R}$ に限りなく近づくとする．このとき，α を関数 $f(x, y)$ の $(x, y) = (a, b)$ における**極限値**と呼び，次のように表す．
>
> $$\lim_{(x,y) \to (a,b)} f(x, y) = \alpha$$
>
> これは，(x, y) がどのような経路を通って (a, b) に近づいても，α は一定値となることを意味する．

例題 3.1　　次の極限値を求めなさい．

(1) $\displaystyle \lim_{(x,y) \to (2,1)} \sqrt{x^2 - 2y}$　　　(2) $\displaystyle \lim_{(x,y) \to (0,0)} \frac{xy}{x^2 + y^2}$

(3) $\displaystyle \lim_{(x,y) \to (0,0)} \left(x \sin \frac{1}{y} - y \cos \frac{1}{x} \right)$

解答　　(1) $\displaystyle \lim_{(x,y) \to (2,1)} \sqrt{x^2 - 2y} = \sqrt{2^2 - 2 \times 1} = \sqrt{2}$

(2) $\begin{cases} x = r \cos \theta \\ y = r \sin \theta \end{cases}$ とおくと，$(x, y) \to (0, 0)$ から $r \to 0$．よって

$$\lim_{(x,y) \to (0,0)} \frac{xy}{x^2 + y^2} = \lim_{r \to 0} \frac{r^2 \sin \theta \cos \theta}{r^2} = \sin \theta \cos \theta$$

ゆえに θ の値によって極限値が異なるので，$\displaystyle \lim_{(x,y) \to (0,0)} \frac{xy}{x^2 + y^2}$ は存在しない．

(3) $-1 \leqq \sin \theta \leqq 1,\ -1 \leqq \cos \theta \leqq 1$ より，

$$-(|x| + |y|) \leqq x \sin \frac{1}{y} - y \cos \frac{1}{x} \leqq |x| + |y|$$

また，$\displaystyle \lim_{(x,y) \to (0,0)} (|x| + |y|) = 0$ より，はさみうちの原理から

$$\lim_{(x,y) \to (0,0)} \left(x \sin \frac{1}{y} - y \cos \frac{1}{x} \right) = 0$$

別解　　(2) $y = mx$ とおく．このとき，$(x, y) \to (0, 0)$ から $x \to 0$．よって，

$$\lim_{(x,y) \to (0,0)} \frac{xy}{x^2 + y^2} = \lim_{x \to 0} \frac{mx^2}{(1 + m^2)x^2} = \frac{m}{1 + m^2}$$

ゆえに，m の値によって，極限値が異なるので，$\displaystyle \lim_{(x,y) \to (0,0)} \frac{xy}{x^2 + y^2}$ は存在しない．

Point!　　例題 3.1 の (2) のように，θ の値によって極限値が異なるというのは，1変数関数における右極限と左極限の概念に対応している．1変数関数の場合は，x を 0 に近づける方法として，左右2方向だけから x を 0 に近づければよい．一方，2変数関数の場合は，xy-平面において (x, y) が $(0, 0)$ に近づく方法は，左右だけではなく，上下左右任意の方向から $(0, 0)$ に近づけられる．そして，すべての近づけ方に

対して極限値が一致していなければならない．したがって，別解のように $y = mx$ とおいて極限値が求められたとしても，それは直線 $y = mx$ に沿って $(0,0)$ に近づけただけであり，正解であるとは限らない．

定義 3.3 (連続関数)

$(a, b) \in \mathbb{R}^2$ に対して，

$$\lim_{(x,y) \to (a,b)} f(x,y) = f(a,b)$$

が成り立つとき，2 変数関数 $f(x,y)$ は $(x,y) = (a,b)$ で**連続**であるという．また，$f(x,y)$ の定義域内のすべての (x,y) において $f(x,y)$ が連続であるとき，$f(x,y)$ を**連続関数**という．

例題 3.2 次の 2 変数関数が指定された (x,y) において連続であるか調べなさい．

(1) $f(x,y) = \sqrt{x^2 - y + 1}$, $(1, -1)$

(2) $f(x,y) = \begin{cases} \dfrac{xy^2}{x^2 + y^2} & ((x,y) \neq (0,0)) \\ 0 & ((x,y) = (0,0)) \end{cases}$, $(0,0)$

(3) $f(x,y) = \begin{cases} \dfrac{x^2 y^2}{x^4 + y^4} & ((x,y) \neq (0,0)) \\ 0 & ((x,y) = (0,0)) \end{cases}$, $(0,0)$

解答 (1) $\displaystyle \lim_{(x,y) \to (1,-1)} f(x,y) = f(1, -1)$ となれば，$f(x,y)$ は点 $(1,-1)$ で連続である．

$$\lim_{(x,y) \to (1,-1)} f(x,y) = \lim_{(x,y) \to (1,-1)} \sqrt{x^2 - y + 1} = \sqrt{3}$$

また，$f(1,-1) = \sqrt{3}$ より $\displaystyle \lim_{(x,y) \to (1,-1)} f(x,y) = f(1,-1)$ が成り立つ．よって，$f(x,y) = \sqrt{x^2 - y + 1}$ は $(x,y) = (1,-1)$ で連続である．

(2) $\displaystyle \lim_{(x,y) \to (0,0)} f(x,y) = f(0,0)$ となれば，$f(x,y)$ は点 $(0,0)$ で連続である． $\begin{cases} x = r\cos\theta \\ y = r\sin\theta \end{cases}$

とおくと，$(x,y) \to (0,0)$ から $r \to 0$．よって，

$$\lim_{(x,y) \to (0,0)} f(x,y) = \lim_{(x,y) \to (0,0)} \frac{xy^2}{x^2 + y^2} = \lim_{r \to 0} \frac{r^3 \cos\theta \sin^2\theta}{r^2}$$
$$= \lim_{r \to 0} r\cos\theta \sin^2\theta = 0$$

また，$f(0,0) = 0$ より $\displaystyle \lim_{(x,y) \to (0,0)} f(x,y) = f(0,0)$ が成り立つ．よって，$f(x,y) = \begin{cases} \dfrac{xy^2}{x^2 + y^2} & ((x,y) \neq (0,0)) \\ 0 & ((x,y) = (0,0)) \end{cases}$ は $(x,y) = (0,0)$ で連続である．

(3) $\displaystyle \lim_{(x,y) \to (0,0)} f(x,y) = f(0,0)$ となれば，$f(x,y)$ は点 $(0,0)$ で連続である． $\begin{cases} x = r\cos\theta \\ y = r\sin\theta \end{cases}$

とおくと，$(x,y) \to (0,0)$ から $r \to 0$．よって，

$$\lim_{(x,y)\to(0,0)} f(x,y) = \lim_{(x,y)\to(0,0)} \frac{x^2 y^2}{x^4 + y^4} = \lim_{r\to 0} \frac{r^4 \cos^2\theta \sin^2\theta}{r^4 \cos^4\theta + r^4 \sin^4\theta}$$

$$= \lim_{r\to 0} \frac{\cos^2\theta \sin^2\theta}{\cos^4\theta + \sin^4\theta} = \frac{\cos^2\theta \sin^2\theta}{\cos^4\theta + \sin^4\theta}$$

よって，θ の値によって極限値が異なるので，$\displaystyle\lim_{(x,y)\to(0,0)} \frac{x^2 y^2}{x^4 + y^4}$ は存在しない．ゆえに

$$f(x,y) = \begin{cases} \dfrac{x^2 y^2}{x^4 + y^4} & ((x,y) \neq (0,0)) \\ 0 & ((x,y) = (0,0)) \end{cases}$$ は $(x,y) = (0,0)$ で連続ではない． ▌

注意 例題 3.2 の (2) において，$y = mx$ とおいて極限を計算しても，同じ極限値が求まる．しかしながら，この場合は $y = mx$ という直線に沿った近づけ方をしただけであって，曲線に沿った近づけ方など，すべての近づけ方について考えていない．したがって，それで極限値としてはいけない．

演習問題

3.1 次の極限値を求めなさい．

(1) $\displaystyle\lim_{(x,y)\to(-1,2)} (2x + y)$

(2) $\displaystyle\lim_{(x,y)\to(1,2)} \frac{2xy}{x^2 - y}$

(3) $\displaystyle\lim_{(x,y)\to(0,0)} \frac{(x + y)^2}{x^2 + y^2}$

(4) $\displaystyle\lim_{(x,y)\to(0,0)} \frac{x^2}{x^2 + y}$

(5) $\displaystyle\lim_{(x,y)\to(0,0)} \frac{x^2 y^2}{x^2 + y^2}$

(6) $\displaystyle\lim_{(x,y)\to(0,0)} \frac{y}{x^3 + y}$

(7) $\displaystyle\lim_{(x,y)\to(0,0)} x^2 \sin\frac{y}{x}$

(8) $\displaystyle\lim_{(x,y)\to(0,0)} \frac{\sin(x^2 + y^2)}{x^2 + y^2}$

(9) $\displaystyle\lim_{(x,y)\to(0,0)} \frac{3x}{2x + y}$

3.2 次の 2 変数関数が，$(x,y) = (0,0)$ で連続かどうか調べなさい．

(1) $f(x,y) = \dfrac{2x - 1}{\sqrt{x^2 + y^2 + 1}}$

(2) $f(x,y) = \begin{cases} \dfrac{x^2 - y^2}{x^2 + y^2} & ((x,y) \neq (0,0)) \\ 0 & ((x,y) = (0,0)) \end{cases}$

(3) $f(x,y) = \begin{cases} \dfrac{x^3 - y^3}{x^2 + y^2} & ((x,y) \neq (0,0)) \\ 0 & ((x,y) = (0,0)) \end{cases}$

(4) $f(x,y) = \begin{cases} xy \cos\dfrac{1}{x^2 + y^2} & ((x,y) \neq (0,0)) \\ 1 & ((x,y) = (0,0)) \end{cases}$

3.2 偏微分法と方向微分係数

2 変数関数の微分を定義するためには，1 変数関数における微分の意味 (接線の傾き，1 次式での近似など) を踏まえておく必要がある．本節では，最初に一方の変数を固定して微分をする偏微分を紹介する．その後，2 つの変数を固定しないで同時に微分をする方向微分について紹介をする．しかし，1 変数関数における微分の意味と比較すると，偏微分や方向微分は本当の意味での多変数関数の微分ではなく，多変数関数の微分をきちんと理解するための必要な道具であると考えたほうがよい．

定義 3.4 (偏微分係数)

2 変数関数 $f(x,y)$ と $(a,b) \in \mathbb{R}^2$ に対して，極限値

$$\lim_{h \to 0} \frac{f(a+h,\ b) - f(a,b)}{h}$$

が存在するとき，$f(x,y)$ は $(x,y) = (a,b)$ において x で**偏微分可能**であるという．また，この極限値を $(x,y) = (a,b)$ における x の**偏微分係数**といい，次の記号を使って表す．

$$\frac{\partial f}{\partial x}(a,b), \quad f_x(a,b)$$

また，y についても同様に偏微分を定義することができる．

特に，$f_x(x,y)$ や $f_y(x,y)$ を $f(x,y)$ の**偏導関数**という．

 ∂f はラウンド ディー エフと読む．

Point! 偏微分は，どちらか一方の変数を固定して，あたかも定数のように扱うので，1 変数関数の微分公式をそのまま使ってよい．

例題 3.3 次の 2 変数関数を x と y で偏微分しなさい．

(1) $f(x,y) = x^3 + 2xy + y^2 - 3x + 1$ 　　　 (2) $f(x,y) = x \sin y - e^{xy}$

解答 各変数で偏微分をする際には，もう一方の変数を定数として考えればよい．

(1) $f_x(x,y) = 3x^2 + 2y - 3$, $f_y(x,y) = 2x + 2y$

(2) $f_x(x,y) = \sin y - y e^{xy}$, $f_y(x,y) = x \cos y - x e^{xy}$

$(x,y) = (a,b)$ における 2 変数関数 $f(x,y)$ の x の偏微分係数とは，点 $\mathrm{P}(a,b,f(a,b))$ を通り，xz-平面と平行な平面で曲面 $z = f(x,y)$ を切ったとき，その断面となる曲線における接線の傾きである (下図左)．また，y の偏微分係数とは，yz-平面と平行な平面で切ったときの断面となる曲線に対する接線の傾きである (下図右)(たった 2 方向しか考えていない！)．

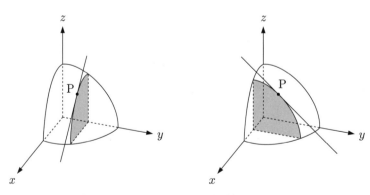

点 $\mathrm{P}(a,b,f(a,b))$ における接線の傾き．
左図は $f_x(a,b)$ で，右図は $f_y(a,b)$ である．

より一般的な方向の偏微分に関しては，次のように定義される．ベクトル $\boldsymbol{v} = \begin{pmatrix} h \\ k \end{pmatrix} \in \mathbb{R}^2$ に対して，

$$\|\boldsymbol{v}\| = \sqrt{h^2 + k^2}$$

を $\boldsymbol{v}$ の大きさ (または**ノルム**) という．

定義 3.5 (方向微分係数)

$f(x, y)$ を 2 変数関数とする．このとき、ベクトル $\boldsymbol{v} = \begin{pmatrix} h \\ k \end{pmatrix} \in \mathbb{R}^2$ と $(x, y) = (a, b) \in \mathbb{R}^2$ に対して，極限値

$$\lim_{r \to 0} \frac{f(a + rh,\ b + rk) - f(a, b)}{\|\boldsymbol{v}\| r}$$

が存在するとき，これを $f(x, y)$ の $(x, y) = (a, b)$ におけるベクトル $\boldsymbol{v}$ 方向の**方向微分係数**といい，$\dfrac{\partial f}{\partial \boldsymbol{v}}(a, b)$ と表す．

Point! $\boldsymbol{v} = \begin{pmatrix} 1 \\ 0 \end{pmatrix}$ とすれば，$\dfrac{\partial f}{\partial \boldsymbol{v}}(a, b) = f_x(a, b)$ となる．同様に y についての偏微分係数もただちに得られる．

$(x, y) = (a, b)$ における 2 変数関数 $f(x, y)$ の $\boldsymbol{v}$ 方向の方向微分係数とは，点 $\mathrm{P}(a, b, f(a, b))$ を通り，$\mathbb{R}^2$ における $\boldsymbol{v}$ 方向に沿った平面で曲面 $z = f(x, y)$ を切ったとき，その断面となる曲線における接線の傾きである (すべての方向を考えている)．ただし，$\boldsymbol{v}$ の向きによって接線の傾きの符号と一致しない場合がある．

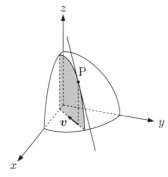

点 $\mathrm{P}(a, b, f(a, b))$ における
図の接線の傾きは $\dfrac{\partial f}{\partial \boldsymbol{v}}(a, b)$ である．

例題 3.4　次の関数 $f(x, y)$ とベクトル $\boldsymbol{v}$ に対して，与えられた (x, y) における $\boldsymbol{v}$ 方向の方向微分係数を求めなさい．

(1) $f(x, y) = x^2 y$, $\boldsymbol{v} = \begin{pmatrix} 1 \\ 2 \end{pmatrix}$, $(x, y) = (2, 1)$

(2) $f(x, y) = xy - 2x + y$, $\boldsymbol{v} = \begin{pmatrix} \cos \theta \\ \sin \theta \end{pmatrix}$, $(x, y) = (a, b)$

解答 (1) $\boldsymbol{v} = \begin{pmatrix} 1 \\ 2 \end{pmatrix}$ に対して, $\|\boldsymbol{v}\| = \sqrt{5}$ である. よって,

$$\frac{\partial f}{\partial \boldsymbol{v}}(2,1) = \lim_{r \to 0} \frac{1}{\sqrt{5}r} \{ f(2+r,\ 1+2r) - f(2,1) \}$$

$$= \lim_{r \to 0} \frac{1}{\sqrt{5}r} \{ (2+r)^2 (1+2r) - 4 \}$$

$$= \lim_{r \to 0} \frac{1}{\sqrt{5}} (2r^2 + 9r + 12) = \frac{12}{\sqrt{5}}$$

(2)

$$\frac{\partial f}{\partial \boldsymbol{v}}(a,b) = \lim_{r \to 0} \frac{f(a + r\cos\theta,\ b + r\sin\theta) - f(a,b)}{r}$$

$$= \lim_{r \to 0} \frac{1}{r} \{ (a + r\cos\theta)(b + r\sin\theta) - 2(a + r\cos\theta) + (b + r\sin\theta) - ab + 2a - b \}$$

$$= \lim_{r \to 0} (a\sin\theta + b\cos\theta + r\sin\theta\cos\theta - 2\cos\theta + \sin\theta)$$

$$= (b-2)\cos\theta + (a+1)\sin\theta$$

注意 1 変数関数の場合, 微分可能であれば連続であった (定理 1.14). しかしながら, 2 変数関数の場合, たとえ偏微分可能であったとしても連続であるとは限らない.

例題 3.5 関数 $f(x,y) = \begin{cases} \dfrac{xy}{x^2 + y^2} & ((x,y) \neq (0,0)) \\ 0 & ((x,y) = (0,0)) \end{cases}$ が, $(x,y) = (0,0)$ において偏微分可能であるが, 連続ではないことを示しなさい.

解答 最初に偏微分可能であることを示す. 偏微分の定義から

$$\lim_{h \to 0} \frac{f(h,0) - f(0,0)}{h} = \lim_{h \to 0} \frac{\frac{0 \cdot h}{h^2 + 0^2} - 0}{h} = 0$$

よって $f_x(0,0) = 0$. 同様に $f_y(0,0) = 0$ もすぐにわかる.

次に $f(x,y)$ が $(x,y) = (0,0)$ において連続でないことを示す. $\begin{cases} x = r\cos\theta \\ y = r\sin\theta \end{cases}$ とおく. このとき,

$$\lim_{(x,y) \to (0,0)} f(x,y) = \lim_{r \to 0} \frac{r^2 \cos\theta\sin\theta}{r^2} = \cos\theta\sin\theta$$

よって, θ の値によって極限値が変わってしまうので, $\displaystyle\lim_{(x,y) \to (0,0)} f(x,y)$ は存在しない. ゆえに, 関数 $f(x,y)$ は $(x,y) = (0,0)$ において連続ではない.

Point! 例題 3.5 において, 関数 $f(x,y)$ は確かに偏微分可能である. しかしながら, 実は $(x,y) = (0,0)$ における方向微分係数が存在しないこともある. 実際 $f(x,y)$ の $(x,y) = (0,0)$ における $\boldsymbol{v} = \begin{pmatrix} \cos\theta \\ \sin\theta \end{pmatrix}$ 方向の方向微分係数を求めようとすると次のようになる.

$$\lim_{r \to 0} \frac{f(r\cos\theta,\ r\sin\theta) - f(0,0)}{r} = \lim_{r \to 0} \frac{\cos\theta\sin\theta}{r}$$

よって, $\cos\theta = 0$ または $\sin\theta = 0$ とならない限り, $f(x,y)$ は $(x,y) = (0,0)$ において方向微分可能ではない.

演習問題

3.3　次の関数 $f(x, y)$ に対して，$f_x(x, y)$, $f_y(x, y)$ を求めなさい.

(1) $f(x, y) = x^2 + 2xy + xy^3$ 　　　(2) $f(x, y) = \dfrac{y}{x+y}$ 　　　(3) $f(x, y) = \dfrac{1}{x^2 - y^2}$

(4) $f(x, y) = x + 3y - xy + \dfrac{x}{y^2}$ 　　(5) $f(x, y) = (\sqrt{x} - y)^2$ 　(6) $f(x, y) = \tan^{-1}\dfrac{x}{y}$

(7) $f(x, y) = xy\cos(x + y)$ 　　(8) $f(x, y) = \sqrt{x + y^2}$ 　(9) $f(x, y) = \sin^{-1}\dfrac{x}{y}$ $(y > 0)$

3.4　次の関数 $f(x, y)$ に対して，点 (x, y) における与えられた $\boldsymbol{v}$ 方向の方向微分係数を求めなさい.

(1) $f(x, y) = x^2 + xy + y^2$, $\boldsymbol{v} = \begin{pmatrix} 1 \\ -1 \end{pmatrix}$ 　　　(2) $f(x, y) = 3x^2 + 2xy$, $\boldsymbol{v} = \begin{pmatrix} \cos\theta \\ \sin\theta \end{pmatrix}$

3.3　全微分

　偏微分や方向微分は，前節で紹介したように，1変数関数における微分の概念を完全には拡張していない．その原因は個々の方向における方向微分係数を個別に扱っている点にある．すべての方向における方向微分係数の性質を考慮して初めて2変数関数の微分を定義することができる．それが本節で紹介する全微分である.

> **定義 3.6**（全微分）
> 　関数 $f(x, y)$ が $(x, y) = (a, b)$ において次の2条件をみたすとき，$f(x, y)$ は $(x, y) = (a, b)$ において**全微分**可能であるという.
> (1)　$f(x, y) = f(a, b) + P(x - a) + Q(y - b) + g(x, y)$ となる定数 P, Q と関数 $g(x, y)$ が存在する.
> (2)　$\displaystyle \lim_{(x,y) \to (a,b)} \frac{g(x, y)}{\sqrt{(x - a)^2 + (y - b)^2}} = 0$

Point!　関数 $f(x)$ の $x = a$ におけるテイラー展開（定理 1.33）は次のようであった.

$$f(x) = f(a) + f'(a)(x - a) + \frac{1}{2!}f''(a)(x - a)^2 + \cdots$$

これと定義 3.6 の (1) に現れる式を比べると，定数 P, Q はある種の微分係数だと見てとれる．また，$g(x, y)$ は $x - a$ と $y - b$ の2次以上の関数だと考えられなくもない．これが条件 (2) である.

> **例題 3.6**　次の関数 $f(x, y)$ が与えられた (a, b) において全微分可能であるか調べなさい.
>
> (1) $f(x, y) = \sqrt{x + y}$, $(1, 3)$ 　　(2) $f(x, y) = \begin{cases} \dfrac{x^2 y}{x^2 + y^2} & ((x, y) \neq (0, 0)) \\ 0 & ((x, y) = (0, 0)) \end{cases}$, $(0, 0)$

解答　(1) 全微分の定義に従って，

(3.1) 　　　　　　$f(x, y) = f(1, 3) + P(x - 1) + Q(y - 3) + g(x, y)$

とおいたとき，$\displaystyle \lim_{(x,y) \to (1,3)} \frac{g(x, y)}{\sqrt{(x - 1)^2 + (y - 3)^2}} = 0$ をみたす関数 $g(x, y)$ と定数 P, Q が存

在すれば, $f(x,y)$ は $(x,y)=(1,3)$ で全微分可能となる. 以下, 確かめてみよう. (3.1)より

$$g(x,y) = f(x,y) - f(1,3) - P(x-1) - Q(y-3) = \sqrt{x+y} - 2 - P(x-1) - Q(y-3)$$

である. ここで, $\begin{cases} x-1 = r\cos\theta \\ y-3 = r\sin\theta \end{cases}$ とおくと,

$$
\begin{aligned}
\lim_{(x,y)\to(1,3)} \frac{g(x,y)}{\sqrt{(x-1)^2+(y-3)^2}} &= \lim_{r\to 0} \frac{g(r\cos\theta+1, r\sin\theta+3)}{r} \\
&= \lim_{r\to 0} \frac{1}{r}(\sqrt{r\cos\theta + r\sin\theta + 4} - 2 - Pr\cos\theta - Qr\sin\theta) \\
&= \lim_{r\to 0} \frac{r\cos\theta + r\sin\theta}{r(\sqrt{r\cos\theta + r\sin\theta + 4} + 2)} - P\cos\theta - Q\sin\theta \\
&= \frac{1}{4}(\cos\theta + \sin\theta) - P\cos\theta - Q\sin\theta
\end{aligned}
$$

よって, $P = Q = \dfrac{1}{4}$ とおけば, $\displaystyle\lim_{(x,y)\to(1,3)} \frac{g(x,y)}{\sqrt{(x-1)^2+(y-3)^2}} = 0$ となり, $f(x,y)$ は $(x,y)=(1,3)$ で全微分可能である.

(2) 全微分の定義に従って,

$$(3.2) \qquad\qquad f(x,y) = f(0,0) + Px + Qy + g(x,y)$$

とおいたとき, $\displaystyle\lim_{(x,y)\to(0,0)} \frac{g(x,y)}{\sqrt{x^2+y^2}} = 0$ をみたす関数 $g(x,y)$ と定数 P, Q が存在すれば, $f(x,y)$ は $(x,y)=(0,0)$ で全微分可能となる. 以下, 確かめてみよう. (3.2)より

$$g(x,y) = f(x,y) - f(0,0) - Px - Qy = \frac{x^2 y}{x^2+y^2} - Px - Qy$$

である. ここで, $\begin{cases} x = r\cos\theta \\ y = r\sin\theta \end{cases}$ とおくと,

$$
\begin{aligned}
\lim_{(x,y)\to(0,0)} \frac{g(x,y)}{\sqrt{x^2+y^2}} &= \lim_{r\to 0} \frac{g(r\cos\theta, r\sin\theta)}{r} \\
&= \lim_{r\to 0} \frac{1}{r}\left(\frac{r^3 \cos^2\theta \sin\theta}{r^2} - Pr\cos\theta - Qr\sin\theta \right) \\
&= \cos^2\theta \sin\theta - P\cos\theta - Q\sin\theta
\end{aligned}
$$

ここで, 任意の θ に対して, $\cos^2\theta \sin\theta - P\cos\theta - Q\sin\theta = 0$ をみたす定数 P, Q は存在しない (たとえば, $\theta = 0, \dfrac{\pi}{2}$ を代入してみると, $P = Q = 0$ を得るが, $\theta = \dfrac{\pi}{4}$ としたとき, $P = Q = 0$ は正しくない). ゆえに, $f(x,y)$ は $(x,y)=(0,0)$ で全微分可能ではない. ∎

Point! 定義 3.6 からすぐにわかるが, 関数 $f(x,y)$ が $(x,y)=(a,b)$ で全微分可能であれば連続となる. これは 1 変数関数の微分の性質と同じである. また, 連続だが全微分可能でない関数も存在する.

例題 3.7 関数 $f(x,y) = \begin{cases} \dfrac{xy}{\sqrt{x^2+y^2}} & ((x,y) \neq (0,0)) \\ 0 & ((x,y) = (0,0)) \end{cases}$ は $(x,y)=(0,0)$ において連続だが全微分可能でないことを示しなさい.

解答 関数 $f(x,y)$ が $(x,y) = (0,0)$ で連続であることはすぐにわかるので省略する. 全微分可能ではないことだけを示そう. 全微分の定義に従って,

$$(3.3) \qquad f(x,y) = f(0,0) + Px + Qy + g(x,y)$$

とおいたとき, $\displaystyle\lim_{(x,y)\to(0,0)} \frac{g(x,y)}{\sqrt{x^2+y^2}} = 0$ をみたす関数 $g(x,y)$ と定数 P, Q が存在すれば, $f(x,y)$ は $(x,y) = (0,0)$ で全微分可能となる. 以下, 確かめてみよう. (3.3)より

$$g(x,y) = f(x,y) - f(0,0) - Px - Qy = \frac{xy}{\sqrt{x^2+y^2}} - Px - Qy$$

である. ここで, $\begin{cases} x = r\cos\theta \\ y = r\sin\theta \end{cases}$ とおくと,

$$\begin{aligned}
\lim_{(x,y)\to(0,0)} \frac{g(x,y)}{\sqrt{x^2+y^2}} &= \lim_{r\to 0} \frac{g(r\cos\theta, r\sin\theta)}{r} \\
&= \lim_{r\to 0} \frac{1}{r}\left(\frac{r^2\cos\theta\sin\theta}{r} - Pr\cos\theta - Qr\sin\theta \right) \\
&= \cos\theta\sin\theta - P\cos\theta - Q\sin\theta
\end{aligned}$$

ここで, 任意の θ に対して, $\cos\theta\sin\theta - P\cos\theta - Q\sin\theta = 0$ をみたす定数 P, Q は存在しない. ゆえに $f(x,y)$ は $(x,y) = (0,0)$ で全微分可能ではない.

演習問題

3.5 次の関数 $f(x,y)$ が与えられた (a,b) において全微分可能であるか調べなさい.

(1) $f(x,y) = xy$, $(1,2)$　　　(2) $f(x,y) = x^2 + y^2$, $(2,-1)$

(3) $f(x,y) = \begin{cases} \dfrac{x^2 y}{\sqrt{x^2+y^2}} & ((x,y) \neq (0,0)) \\ 0 & ((x,y) = (0,0)) \end{cases}$, $(0,0)$

(4) $f(x,y) = \begin{cases} \dfrac{x+y}{\sqrt{x^2+y^2}} & ((x,y) \neq (0,0)) \\ 0 & ((x,y) = (0,0)) \end{cases}$, $(0,0)$

3.4 全微分可能性と接平面

1変数関数の微分係数は接線の傾きでもあるように, 全微分は接平面と密接な関連がある. 本節では全微分の性質, 全微分可能であるための条件を紹介した後に, 方向微分係数や接平面などとの関連について紹介する.

> **定理 3.1** (全微分可能性の判定)
>
> 関数 $f(x,y)$ が $(x,y) = (a,b)$ の周辺において, x についても y についても偏微分可能であり, かつ, $f_x(x,y)$ と $f_y(x,y)$ が $(x,y) = (a,b)$ で連続ならば, $f(x,y)$ は $(x,y) = (a,b)$ で全微分可能である.

　例題 3.5 では，$(x,y) = (0,0)$ で偏微分可能だが，連続でない関数 $f(x,y)$ の例を紹介した (すなわち $f(x,y)$ は $(x,y) = (0,0)$ で全微分可能でない). この例が定理 3.1 の条件をみたしていないことを確認しよう.

定理 3.2 (全微分の性質)

　関数 $f(x,y)$ が $(x,y) = (a,b)$ で全微分可能であるとき，次が成り立つ.

(1)　$f(x,y)$ は $(x,y) = (a,b)$ で連続.

(2)　$f(x,y)$ は $(x,y) = (a,b)$ において，x についても y についても偏微分可能である. そして，定義 3.6 の (1) における定数 P, Q は次のように定まる.

$$P = f_x(a,b) \qquad Q = f_y(a,b)$$

Point!　定理 3.1 と定理 3.2 の違いに注意しよう.

　関数 $f(x,y)$ が点 (a,b) で全微分可能であるとき，

$$dz = f_x(a,b)\, dx + f_y(a,b)\, dy$$

を $f(x,y)$ の $(x,y) = (a,b)$ における**全微分**という.

定理 3.3

　2 変数関数 $f(x,y)$ が $(x,y) = (a,b)$ で全微分可能であるとする. このとき，$f(x,y)$ は $(x,y) = (a,b)$ において，すべての方向について方向微分が可能である. このとき，$\boldsymbol{v} = \begin{pmatrix} h \\ k \end{pmatrix}$ 方向の方向微分係数は次の式で求められる.

$$\frac{\partial f}{\partial \boldsymbol{v}}(a,b) = f_x(a,b)\frac{h}{\|\boldsymbol{v}\|} + f_y(a,b)\frac{k}{\|\boldsymbol{v}\|}$$

例題 3.8　次の関数の，$(x,y) = (1,1)$ における，与えられた $\boldsymbol{v}$ 方向の方向微分係数を求めなさい.

(1)　$f(x,y) = 3x^2 + 2xy - 1,\ \boldsymbol{v} = \dfrac{1}{\sqrt{2}}\begin{pmatrix} 1 \\ -1 \end{pmatrix}$

(2)　$f(x,y) = e^{2x} - 3y^2,\ \boldsymbol{v} = \begin{pmatrix} 1 \\ 1 \end{pmatrix}$

(3)　$f(x,y) = x^y,\ \boldsymbol{v} = \begin{pmatrix} \cos\theta \\ \sin\theta \end{pmatrix}$

解答　(1) $f_x(x,y) = 6x + 2y$, $f_y(x,y) = 2x$ となり，$f_x(x,y)$ と $f_y(x,y)$ は $(x,y) = (1,1)$ において連続である. よって，定理 3.1 から $f(x,y)$ は $(x,y) = (1,1)$ において全微分可能である. ゆえに，定理 3.3 から $(x,y) = (1,1)$ における $\boldsymbol{v}$ 方向の方向微分係数は次のようになる.

$$\frac{\partial f}{\partial \boldsymbol{v}}(1,1) = \frac{1}{\sqrt{2}} \times 8 - \frac{1}{\sqrt{2}} \times 2 = 3\sqrt{2}$$

(2) $f_x(x,y) = 2e^{2x}$, $f_y(x,y) = -6y$ となり, $f_x(x,y)$ と $f_y(x,y)$ は $(x,y) = (1,1)$ におい
て連続である. よって, 定理 3.1 から $f(x,y)$ は $(x,y) = (1,1)$ において全微分可能である.
ゆえに, $\|\boldsymbol{v}\| = \sqrt{2}$ と定理 3.3 から $(x,y) = (1,1)$ における $\boldsymbol{v}$ 方向の方向微分係数は次のよ
うになる.

$$\frac{\partial f}{\partial \boldsymbol{v}}(1,1) = 2e^2 \times \frac{1}{\sqrt{2}} - 6 \times \frac{1}{\sqrt{2}} = \sqrt{2}(e^2 - 3)$$

(3) $f_x(x,y) = yx^{y-1}$, $f_y(x,y) = x^y \log x$ となり, $f_x(x,y)$ と $f_y(x,y)$ は $(x,y) = (1,1)$ に
おいて連続である. よって, 定理 3.1 から $f(x,y)$ は $(x,y) = (1,1)$ において全微分可能であ
る. ゆえに, 定理 3.3 から $(x,y) = (1,1)$ における $\boldsymbol{v}$ 方向の方向微分係数は次のようになる.

$$\frac{\partial f}{\partial \boldsymbol{v}}(1,1) = \cos\theta$$

Point! 2変数関数が全微分可能であれば, すべての方向の方向微分係数を偏微分を用いて表現するこ
とができる. そして, 定理 3.1 によれば, 偏導関数の性質をみれば, 全微分可能性が判定できる. すなわ
ち, 方向微分係数自体は偏微分よりも一般的な概念ではあるが, 本質的に重要なのは偏微分だということ
がわかる.

定理 3.4 (接平面)
　2変数関数 $f(x,y)$ は $(x,y) = (a,b)$ で全微分可能であるとする. このとき, 曲面
$z = f(x,y)$ 上の点 $(a, b, f(a,b)) \in \mathbb{R}^3$ における接平面の方程式は次の通りである.
$$z = f(a,b) + f_x(a,b)(x-a) + f_y(a,b)(y-b)$$

定理 1.26 の接線の方程式と比べてみよう.

例題 3.9 次の2変数関数の, 与えられた点における接平面の方程式を求めなさい.
(1) $z = x^2 + xy + 4y^3 - 1$, $(1,1,5)$ 　　　(2) $z = xy\sin(x+y)$, $\left(\frac{\pi}{2}, \frac{\pi}{2}, 0\right)$

解答 (1) $z_x = 2x + y$, $z_y = x + 12y^2$ より, z_x と z_y は $(x,y) = (1,1)$ において連続であ
る. すなわち全微分可能となる. よって, 求める接平面の方程式は
$$z = 5 + 3(x-1) + 13(y-1)$$
すなわち, $z = 3x + 13y - 11$.

(2) $z_x = y\sin(x+y) + xy\cos(x+y)$, $z_y = x\sin(x+y) + xy\cos(x+y)$ より, z_x と z_y
は $(x,y) = \left(\frac{\pi}{2}, \frac{\pi}{2}\right)$ において連続である. すなわち全微分可能となる. よって, 求める接平
面の方程式は
$$z = -\frac{\pi^2}{4}\left(x - \frac{\pi}{2}\right) - \frac{\pi^2}{4}\left(y - \frac{\pi}{2}\right)$$
すなわち, $z = -\frac{\pi^2}{4}x - \frac{\pi^2}{4}y + \frac{\pi^3}{4}$.

演習問題

3.6　次の 2 変数関数 $f(x,y)$ について，$(x,y) = (1,1)$ において全微分可能であるか調べ，$(x,y) = (1,1)$ の与えられたベクトル $\boldsymbol{v}$ 方向における方向微分係数を求めなさい．

(1) $f(x,y) = x^2 y - xy^2$, $\boldsymbol{v} = \begin{pmatrix} 1 \\ -1 \end{pmatrix}$
$\qquad$
(2) $f(x,y) = \tan^{-1} \dfrac{x}{y}$, $\boldsymbol{v} = \begin{pmatrix} -1 \\ 2 \end{pmatrix}$

(3) $f(x,y) = \sqrt{x^2 + y^2}$, $\boldsymbol{v} = \begin{pmatrix} \cos\theta \\ \sin\theta \end{pmatrix}$
$\qquad$
(4) $f(x,y) = x \log(x+y)$, $\boldsymbol{v} = \begin{pmatrix} -4 \\ 3 \end{pmatrix}$

3.7　次の 2 変数関数 $z = f(x,y)$ が与えられた (a,b) で全微分可能であるか調べなさい．また，全微分可能であったとき，点 $(a, b, f(a,b))$ における接平面の方程式を求めなさい．

(1) $f(x,y) = xy^2 - 1$, $(1, 2)$
$\qquad$
(2) $f(x,y) = \begin{cases} \dfrac{xy}{x^2 + y^2} & ((x,y) \neq (0,0)) \\ 0 & ((x,y) = (0,0)) \end{cases}$, $(0,0)$

(3) $f(x,y) = \sin^{-1} xy$, $\left(\dfrac{1}{\sqrt{2}}, \dfrac{1}{\sqrt{2}} \right)$
$\qquad$
(4) $f(x,y) = \log(x^2 + y^2)$, $(1,1)$

3.8　関数 $f(x,y) = x^{\frac{1}{3}} y^{\frac{2}{3}}$ は，$(x,y) = (0,0)$ において任意の方向の方向微分可能であるが，全微分可能ではないことを示しなさい．

3.5　高次偏導関数

1 変数関数の場合は，高次導関数を利用してテイラー展開 (多項式近似) を求めることができた．2 変数関数においても，同様に高次導関数を求めてテイラー展開を求めることができる．2 変数関数は，全微分可能であれば偏微分を用いて接平面の方程式 (1 次式近似) を求めることができる．同様に，2 変数関数のテイラー展開 (多項式近似) を得るには高次偏導関数を求めればよい．

定義 3.7 (高次偏導関数)

2 変数関数 $f(x,y)$ を 2 回以上偏微分して得られる偏導関数を**高次偏導関数**という．特に，n 回偏微分して得られる偏導関数を **n 次偏導関数**という．この場合，n 回偏微分する方法は 2^n 通りあるが，n 次偏導関数とは，その 2^n 個すべての偏導関数を指す．

注意　2 変数関数 $f(x,y)$ の 2 次偏導関数は次のように表す．

$$f_{xy}(x,y) = \{ f_x(x,y) \}_y = \frac{\partial}{\partial y} \left\{ \frac{\partial f}{\partial x}(x,y) \right\} = \frac{\partial^2 f}{\partial y \partial x}(x,y)$$

$$f_{xx}(x,y) = \{ f_x(x,y) \}_x = \frac{\partial}{\partial x} \left\{ \frac{\partial f}{\partial x}(x,y) \right\} = \frac{\partial^2 f}{\partial x^2}(x,y)$$

例題 3.10　次の関数の 2 次偏導関数を求めなさい．

(1) $f(x,y) = x^3 y^2 + 2xy - 3x + 1$
$\qquad$
(2) $f(x,y) = \tan^{-1} xy$

---

　(1) $f_x(x,y) = 3x^2 y^2 + 2y - 3$, $f_y(x,y) = 2x^3 y + 2x$ である．よって，

$$f_{xx}(x,y) = 6xy^2$$
$$f_{xy}(x,y) = 6x^2 y + 2$$

$$f_{yx}(x, y) = 6x^2y + 2$$

$$f_{yy}(x, y) = 2x^3$$

(2) $f_x(x, y) = \dfrac{y}{1 + x^2y^2}$, $f_y(x, y) = \dfrac{x}{1 + x^2y^2}$ より,

$$f_{xx}(x, y) = -\frac{2xy^3}{(1 + x^2y^2)^2}$$

$$f_{xy}(x, y) = \frac{1 + x^2y^2 - y(2x^2y)}{(1 + x^2y^2)^2} = \frac{1 - x^2y^2}{(1 + x^2y^2)^2}$$

$$f_{yx}(x, y) = \frac{1 + x^2y^2 - x(2xy^2)}{(1 + x^2y^2)^2} = \frac{1 - x^2y^2}{(1 + x^2y^2)^2}$$

$$f_{yy}(x, y) = -\frac{2x^3y}{(1 + x^2y^2)^2}$$

　例題 3.10 の (1), (2) において, ともに $f_{xy}(x, y) = f_{yx}(x, y)$ となっている. これについては偶然ではなく次の定理が成り立つ.

定理 3.5

　2 変数関数 $f(x, y)$ に対して $f_{xy}(x, y)$ と $f_{yx}(x, y)$ が $(x, y) = (a, b)$ において連続であれば $f_{xy}(a, b) = f_{yx}(a, b)$.

Point!　例題 3.10 の解答が定理 3.5 をみたしていることを確認しよう.

例題 3.11　2 変数関数 $f(x, y) = \begin{cases} xy\dfrac{x^2 - y^2}{x^2 + y^2} & ((x, y) \neq (0, 0)) \\ 0 & ((x, y) = (0, 0)) \end{cases}$ が,

$f_{xy}(0, 0) = f_{yx}(0, 0)$ をみたさないことを示しなさい.

解答　最初に $f_x(x, y)$ を求める. $(x, y) \neq (0, 0)$ ならば, 微分の公式から $f_x(x, y)$ を得る.

$$f_x(x, y) = \frac{x^4y + 4x^2y^3 - y^5}{(x^2 + y^2)^2}$$

また, 偏微分の定義から

$$f_x(0, 0) = \lim_{h \to 0} \frac{f(h, 0) - f(0, 0)}{h} = 0$$

よって $f_x(x, y) = \begin{cases} \dfrac{x^4y + 4x^2y^3 - y^5}{(x^2 + y^2)^2} & ((x, y) \neq (0, 0)) \\ 0 & ((x, y) = (0, 0)) \end{cases}$.

同様に $f_y(x, y) = \begin{cases} \dfrac{-y^4x - 4y^2x^3 + x^5}{(x^2 + y^2)^2} & ((x, y) \neq (0, 0)) \\ 0 & ((x, y) = (0, 0)) \end{cases}$ も得られる. よって, 偏微分

の定義から

$$f_{xy}(0, 0) = \lim_{h \to 0} \frac{f_x(0, h) - f_x(0, 0)}{h} = -1$$

$$f_{yx}(0,0) = \lim_{h \to 0} \frac{f_y(h,0) - f_y(0,0)}{h} = 1$$

ゆえに $f_{xy}(0,0) \neq f_{yx}(0,0)$.

$f(x,y)$ を 2 変数関数とする. $f(x,y)$ のすべての n 次偏導関数が連続関数のとき, $f(x,y)$ を C^n 級と呼ぶ. 定理 3.1 によれば, $f(x,y)$ が C^1 級であれば, $f(x,y)$ は全微分可能となる. さらに, 定理 3.5 によれば, $f(x,y)$ が C^2 級であれば, $f_{xy}(x,y) = f_{yx}(x,y)$ が成り立つ.

演習問題

3.9 次の 2 変数関数の 2 次偏導関数をすべて求めなさい.

(1) $f(x,y) = x^2 + xy - 1$ 　(2) $f(x,y) = \sin^{-1} \dfrac{x}{y}$ $(y > 0)$ 　(3) $f(x,y) = \tan^{-1} \dfrac{x}{y}$

(4) $f(x,y) = \sqrt{x^2 - y^2}$ 　(5) $f(x,y) = x^y$ 　　　　　(6) $f(x,y) = e^{x-y}$

3.10 次の 2 変数関数の 3 次偏導関数をすべて求めなさい.

(1) $f(x,y) = x^2 y^3$ 　(2) $f(x,y) = \dfrac{x}{y}$ 　(3) $f(x,y) = \dfrac{y}{x+y}$ 　(4) $f(x,y) = \sin xy$

3.6 合成関数の偏微分

1 変数関数の場合でも合成関数の微分法は決して易しくない. 2 変数関数の合成関数の微分法はさらに複雑である. そこで, 2 変数関数の合成関数の偏微分法の公式を 1 変数関数の合成関数の微分公式 (定理 1.17) と比較して, どのように拡張されているのか確かめると理解が深まる. なお, 2 変数関数の場合は, 変数変換する際に必要とする変数は 2 個とすることが多い.

定理 3.6 (合成関数の偏微分法)

2 変数関数 $f(u,v)$ に対して, $u = u(x,y)$, $v = v(x,y)$ とおく. このとき, 合成関数 $F(x,y) = f(u(x,y), v(x,y))$ を x, y で偏微分すると, 次のようになる.

$$\frac{\partial F}{\partial x} = \frac{\partial f}{\partial u} \cdot \frac{\partial u}{\partial x} + \frac{\partial f}{\partial v} \cdot \frac{\partial v}{\partial x}, \qquad \frac{\partial F}{\partial y} = \frac{\partial f}{\partial u} \cdot \frac{\partial u}{\partial y} + \frac{\partial f}{\partial v} \cdot \frac{\partial v}{\partial y}$$

例題 3.12 2 変数関数 $f(x,y) = \sin(x^2 + xy) + \log(\cos xy)$ を x と y で偏微分しなさい.

解答 　$u = x^2 + xy$, $v = \cos xy$ とすれば, $f(x,y) = \sin u + \log v$ より,

$$\frac{\partial f}{\partial x} = \frac{\partial f}{\partial u} \cdot \frac{\partial u}{\partial x} + \frac{\partial f}{\partial v} \cdot \frac{\partial v}{\partial x} = \cos u \times (2x + y) + \frac{1}{v}(-y \sin xy)$$

$$= (2x + y) \cos(x^2 + xy) - \frac{y \sin xy}{\cos xy}$$

また,

$$\frac{\partial f}{\partial y} = \frac{\partial f}{\partial u} \cdot \frac{\partial u}{\partial y} + \frac{\partial f}{\partial v} \cdot \frac{\partial v}{\partial y} = \cos u \times x + \frac{1}{v}(-x \sin xy)$$

$$= x \cos(x^2 + xy) - \frac{x \sin xy}{\cos xy}$$

例題 3.13 2変数関数 $z = f(x, y)$ に対して，次が成り立つことを示しなさい．

(1) $\begin{cases} x = r\cos\theta \\ y = r\sin\theta \end{cases}$ としたとき，$\left(\dfrac{\partial z}{\partial x}\right)^2 + \left(\dfrac{\partial z}{\partial y}\right)^2 = \left(\dfrac{\partial z}{\partial r}\right)^2 + \dfrac{1}{r^2}\left(\dfrac{\partial z}{\partial \theta}\right)^2$.

(2) $\begin{cases} x = u + v \\ y = u - v \end{cases}$ としたとき，$2\left(\dfrac{\partial^2 z}{\partial x^2} + \dfrac{\partial^2 z}{\partial y^2}\right) = \dfrac{\partial^2 z}{\partial u^2} + \dfrac{\partial^2 z}{\partial v^2}$.

解答 いずれも合成関数の偏微分法を利用して右辺を計算していけばよい．

(1)
$$\frac{\partial z}{\partial r} = \frac{\partial z}{\partial x}\cdot\frac{\partial x}{\partial r} + \frac{\partial z}{\partial y}\cdot\frac{\partial y}{\partial r} = \frac{\partial z}{\partial x}\cos\theta + \frac{\partial z}{\partial y}\sin\theta$$
$$\frac{\partial z}{\partial \theta} = \frac{\partial z}{\partial x}\cdot\frac{\partial x}{\partial \theta} + \frac{\partial z}{\partial y}\cdot\frac{\partial y}{\partial \theta} = -\frac{\partial z}{\partial x}r\sin\theta + \frac{\partial z}{\partial y}r\cos\theta$$

よって，
$$\left(\frac{\partial z}{\partial r}\right)^2 + \frac{1}{r^2}\left(\frac{\partial z}{\partial \theta}\right)^2 = \left(\frac{\partial z}{\partial x}\cos\theta + \frac{\partial z}{\partial y}\sin\theta\right)^2 + \left(-\frac{\partial z}{\partial x}\sin\theta + \frac{\partial z}{\partial y}\cos\theta\right)^2$$
$$= \left(\frac{\partial z}{\partial x}\right)^2\cos^2\theta + 2\frac{\partial z}{\partial x}\frac{\partial z}{\partial y}\sin\theta\cos\theta + \left(\frac{\partial z}{\partial y}\right)^2\sin^2\theta$$
$$+ \left(-\frac{\partial z}{\partial x}\right)^2\sin^2\theta - 2\frac{\partial z}{\partial x}\frac{\partial z}{\partial y}\sin\theta\cos\theta + \left(\frac{\partial z}{\partial y}\right)^2\cos^2\theta$$
$$= \left(\frac{\partial z}{\partial x}\right)^2 + \left(\frac{\partial z}{\partial y}\right)^2$$

(2)
$$\frac{\partial z}{\partial u} = \frac{\partial z}{\partial x}\frac{\partial x}{\partial u} + \frac{\partial z}{\partial y}\frac{\partial y}{\partial u} = \frac{\partial z}{\partial x} + \frac{\partial z}{\partial y} = z_x + z_y$$

より，
$$\frac{\partial^2 z}{\partial u^2} = \frac{\partial}{\partial u}(z_x + z_y)$$
$$= \left(\frac{\partial z_x}{\partial x}\frac{\partial x}{\partial u} + \frac{\partial z_x}{\partial y}\frac{\partial y}{\partial u}\right) + \left(\frac{\partial z_y}{\partial x}\frac{\partial x}{\partial u} + \frac{\partial z_y}{\partial y}\frac{\partial y}{\partial u}\right)$$
$$= \frac{\partial^2 z}{\partial x^2} + \frac{\partial^2 z}{\partial y\partial x} + \frac{\partial^2 z}{\partial x\partial y} + \frac{\partial^2 z}{\partial y^2}$$

また，
$$\frac{\partial z}{\partial v} = \frac{\partial z}{\partial x}\frac{\partial x}{\partial v} + \frac{\partial z}{\partial y}\frac{\partial y}{\partial v} = \frac{\partial z}{\partial x} - \frac{\partial z}{\partial y} = z_x - z_y$$

より，
$$\frac{\partial^2 z}{\partial v^2} = \frac{\partial}{\partial v}(z_x - z_y)$$
$$= \left(\frac{\partial z_x}{\partial x}\frac{\partial x}{\partial v} + \frac{\partial z_x}{\partial y}\frac{\partial y}{\partial v}\right) - \left(\frac{\partial z_y}{\partial x}\frac{\partial x}{\partial v} + \frac{\partial z_y}{\partial y}\frac{\partial y}{\partial v}\right)$$

$$= \frac{\partial^2 z}{\partial x^2} - \frac{\partial^2 z}{\partial y \partial x} - \frac{\partial^2 z}{\partial x \partial y} + \frac{\partial^2 z}{\partial y^2}$$

ゆえに,

$$\frac{\partial^2 z}{\partial u^2} + \frac{\partial^2 z}{\partial v^2} = \left(\frac{\partial^2 z}{\partial x^2} + \frac{\partial^2 z}{\partial y \partial x} + \frac{\partial^2 z}{\partial x \partial y} + \frac{\partial^2 z}{\partial y^2} \right) + \left(\frac{\partial^2 z}{\partial x^2} - \frac{\partial^2 z}{\partial y \partial x} - \frac{\partial^2 z}{\partial x \partial y} + \frac{\partial^2 z}{\partial y^2} \right)$$

$$= 2 \left(\frac{\partial^2 z}{\partial x^2} + \frac{\partial^2 z}{\partial y^2} \right)$$

演習問題

3.11　次の 2 変数関数 $f(x, y)$ を, x と y で偏微分しなさい.

(1) $f(x, y) = \sqrt{x^2 y + x} + \cos xy$ 　　　　(2) $f(x, y) = \dfrac{x^2 + e^{xy}}{x \cos (x + y)}$

(3) $f(x, y) = (xy - y^2) \cos xy$ 　　　　(4) $f(x, y) = \tan^{-1} \dfrac{x^2 y}{\sqrt{x - y}}$

3.12　関数 $z = f(x, y)$ に対して, $\begin{cases} x = u \cos \theta - v \sin \theta \\ y = u \sin \theta + v \cos \theta \end{cases}$ とおく, ただし θ は定数とする. このとき次が成り立つことを示しなさい.

(1) $\left(\dfrac{\partial z}{\partial x} \right)^2 + \left(\dfrac{\partial z}{\partial y} \right)^2 = \left(\dfrac{\partial z}{\partial u} \right)^2 + \left(\dfrac{\partial z}{\partial v} \right)^2$ 　　　　(2) $\dfrac{\partial^2 z}{\partial x^2} + \dfrac{\partial^2 z}{\partial y^2} = \dfrac{\partial^2 z}{\partial u^2} + \dfrac{\partial^2 z}{\partial v^2}$

3.13　関数 $z = f(x, y)$ に対して, $\begin{cases} x = r \cos \theta \\ y = r \sin \theta \end{cases}$ とおく. このとき次が成り立つことを示しなさい.

$$\frac{\partial^2 z}{\partial x^2} + \frac{\partial^2 z}{\partial y^2} = \frac{\partial^2 z}{\partial r^2} + \frac{1}{r} \frac{\partial z}{\partial r} + \frac{1}{r^2} \frac{\partial^2 z}{\partial \theta^2}$$

3.7　陰関数

　陰関数とは, 2 変数関数 $f(x, y)$ に対して, $f(x, y) = 0$ を y について解いた関数である. 陰関数は具体的な式で求められないことが多いが, 偏微分を利用すれば陰関数の極値を調べることができる. 陰関数は 2 つの側面をもっている. 1 つ目は $f(x, y) = 0$ という方程式の解の集合, 2 つ目は, 曲面 $z = f(x, y)$ と xy-平面との交線である.

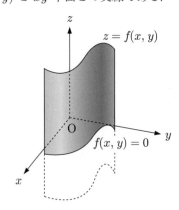

定義 3.8 (陰関数)

$f(x,y)$ を 2 変数関数とする. 方程式 $f(x,y) = 0$ の解は x が決まれば y の値も定まる. この対応を，y は $f(x,y) = 0$ によって定まる**陰関数**と呼ぶ.

例題 3.14　次の関数 $f(x,y)$ に対して，$f(x,y) = 0$ によって定まる陰関数 y を求めなさい.

(1) $f(x,y) = x + y - 1$　　(2) $f(x,y) = x^2 + y^2 - 1$

解答　(1) $f(x,y) = x + y - 1 = 0$ を y について解けばよい. よって，陰関数は $y = -x + 1$.
(2) $f(x,y) = x^2 + y^2 - 1 = 0 \iff y^2 = 1 - x^2$. よって，陰関数は $y = \pm\sqrt{1 - x^2}$（この場合，陰関数は一意的に定まらない）.

　一般的には，陰関数は一意的に定まるとは限らず，さらには具体的な式で求まらないことの方が多い（たとえば $f(x,y) = x\sin y + y\cos x$ の陰関数など）.

定理 3.7 (陰関数定理)

C^1 級の 2 変数関数 $f(x,y)$ において，$f(a,b) = 0$, $f_y(a,b) \neq 0$ をみたす $(a,b) \in \mathbb{R}^2$ が存在すると仮定する. このとき，次の 3 条件をみたす陰関数 $y = \varphi(x)$ が一意的に存在する.

(1) $b = \varphi(a)$　　(2) $f(a, \varphi(a)) = 0$　　(3) $\varphi'(a) = -\dfrac{f_x(a,b)}{f_y(a,b)}$

定理 3.8 (陰関数の導関数)

2 変数関数 $f(x,y)$ が C^2 級であるとする. $y = \varphi(x)$ を $f(x,y) = 0$ によって定まる陰関数とする. このとき次が成り立つ.

(1)　$\varphi'(x) = -\dfrac{f_x(x,y)}{f_y(x,y)}$

(2)　$\varphi''(x) = -\dfrac{f_{xx}(x,y)f_y(x,y)^2 - 2f_{xy}(x,y)f_x(x,y)f_y(x,y) + f_{yy}(x,y)f_x(x,y)^2}{f_y(x,y)^3}$

例題 3.15　y を $x^3 + y^3 - 3xy = 0$ によって定まる陰関数とする. このとき，y' と y'' を求めなさい.

解答　$f(x,y) = x^3 + y^3 - 3xy$ とする. $f_x(x,y) = 3x^2 - 3y$, $f_y(x,y) = 3y^2 - 3x$, $f_{xx}(x,y) = 6x$, $f_{xy}(x,y) = -3$, $f_{yy}(x,y) = 6y$ より，

$$y' = -\frac{x^2 - y}{y^2 - x}$$

$$y'' = -\frac{6x(3y^2 - 3x)^2 + 6(3x^2 - 3y)(3y^2 - 3x) + 6y(3x^2 - 3y)^2}{(3y^2 - 3x)^3}$$

$$= -\frac{2xy(x^3 + y^3 - 3xy + 1)}{(y^2 - x)^3} = -\frac{2xy}{(y^2 - x)^3}$$

なお，y'' の計算中に，関係式 $f(x, y) = x^3 + y^3 - 3xy = 0$ を用いた．

　陰関数は 1 変数関数でもあるので，定理 1.31 から 2 次導関数まで求まれば陰関数の極値を求めることもできる．定理 3.8 と定理 1.31 から次の定理が成り立つ．

定理 3.9 (陰関数の極大・極小)

　2 変数関数 $f(x, y)$ が C^2 級であるとする．y を $f(x, y) = 0$ によって定まる陰関数とする．このとき，$f(a, b) = f_x(a, b) = 0$, $f_y(a, b) \neq 0$ となる (a, b) に対して，次が成り立つ．

(1) $\dfrac{f_{xx}(a, b)}{f_y(a, b)} > 0$ ならば，この陰関数は $x = a$ で極大で極大値は b である．

(2) $\dfrac{f_{xx}(a, b)}{f_y(a, b)} < 0$ ならば，この陰関数は $x = a$ で極小で極小値は b である．

例題 3.16　y を $xy^2 - x^2y - 2 = 0$ によって定まる陰関数とする．この陰関数の極値を求めなさい．

解答　$f(x, y) = xy^2 - x^2y - 2$ とする．このとき $\begin{cases} f_x(x, y) = y^2 - 2xy \\ f_y(x, y) = 2xy - x^2 \\ f_{xx}(x, y) = -2y \end{cases}$ である．最初に

連立方程式

$$\begin{cases} f(x, y) = xy^2 - x^2y - 2 = 0 & \cdots\cdots (a) \\ f_x(x, y) = y^2 - 2xy = 0 & \cdots\cdots (b) \end{cases}$$

を解く．(b) 式から $y(y - 2x) = 0$ となり，$y = 0$ または $y = 2x$ を得る．ここで，$y = 0$ は (a) 式をみたさないので不適．$y = 2x$ を (a) 式に代入すると，

$$f(x,\ 2x) = 2x^3 - 2 = 0$$

ゆえに，$x = 1$, $y = 2$ を得る．このとき，$f_y(1, 2) = 3 \neq 0$,

$$\frac{f_{xx}(1, 2)}{f_y(1, 2)} = -\frac{4}{3} < 0$$

よって，$xy^2 - x^2y - 2 = 0$ によって定まる陰関数は，$x = 1$ で極小で，極小値は 2 である．

　陰関数定理は，2 変数関数だけでなく，より変数の多い関数に対しても成り立つ．また，その応用として次に紹介する逆関数定理は重要である (定理 1.20′ も見よ)．2 変数関数 $\begin{cases} u = u(x, y) \\ v = v(x, y) \end{cases}$ に対して，

$$\frac{\partial(u, v)}{\partial(x, y)}(x, y) = \begin{vmatrix} u_x(x, y) & u_y(x, y) \\ v_x(x, y) & v_y(x, y) \end{vmatrix}$$

を，ヤコビアンという．ヤコビアンは，多変数関数の理論においてしばしば1変数関数における導関数のような役割を果たしている (次の定理もその1つである).

定理 3.10 (2変数関数の逆関数定理)

2変数関数 $\begin{cases} u = u(x,y) \\ v = v(x,y) \end{cases}$ が $(x,y) = (a,b)$ においてそれぞれの偏導関数が連続であり，$\dfrac{\partial(u,v)}{\partial(x,y)}(a,b) \neq 0$ をみたすならば，(a,b) を含む十分小さな領域において逆関数

$\begin{cases} x = x(u,v) \\ y = y(u,v) \end{cases}$ が一意的に存在する．特に，ある領域 $D \in \mathbb{R}^2$ に対して，$\dfrac{\partial(u,v)}{\partial(x,y)}(x,y) \neq 0$,

$((x,y) \in D)$ ならば，領域 D において逆関数が一意的に存在する．

演習問題

3.14 次の2変数関数 $f(x,y)$ に対して，$f(x,y) = 0$ によって定まる陰関数 $y = \varphi(x)$ の導関数と2次導関数を求めなさい．

(1) $f(x,y) = x^2 + 3xy + y^2 - 1$ 　　　　(2) $f(x,y) = x^3 - x^2 + y^2 - 1$

(3) $f(x,y) = xy^2 - x^2y - 2$ 　　　　(4) $f(x,y) = x^2 + xy - y^2 - 1$

(5) $f(x,y) = e^x - e^{x+y} + e^y$

3.15 次の2変数関数 $f(x,y)$ に対して，$f(x,y) = 0$ によって定まる陰関数の極値を求めなさい．

(1) $f(x,y) = x^2 + y^2 - 1$ 　　　　(2) $f(x,y) = \dfrac{x^2}{4} + y^2 - 1$

(3) $f(x,y) = x^2 - xy + y^2 - 1$ 　　　　(4) $f(x,y) = x^3 - 3xy + y^3$

3.8　2変数関数の極大・極小

1変数関数の場合，2次導関数まで求めることができれば，多くの場合は極値を求めることができる．2変数関数の場合も，2次偏導関数まで求めることができれば，多くの場合はその極値を求めることができる．ただし，1変数関数のように，増減表を作って2変数関数のグラフの概形を描くことはできない．

定義 3.9 (関数の極値)

2変数関数 $f(x,y)$ と $(x,y) = (a,b)$ に対して，

(1) $(x,y) = (a,b)$ の十分近くのすべての (x,y) に対して，$f(a,b) > f(x,y)$ が成り立つとき，$f(x,y)$ は $(x,y) = (a,b)$ において**極大**であるといい，$f(a,b)$ を**極大値**という．

(2) $(x,y) = (a,b)$ の十分近くのすべての (x,y) に対して，$f(a,b) < f(x,y)$ が成り立つとき，$f(x,y)$ は $(x,y) = (a,b)$ において**極小**であるといい，$f(a,b)$ を**極小値**という．

極大値と極小値を合わせて**極値**と呼ぶ. 次は定理 1.31 の拡張である.

定理 3.11

2 変数関数 $f(x, y)$ は C^2 級とする. また, $f_x(a, b) = f_y(a, b) = 0$ をみたすとする.

$$H(x, y) = \begin{vmatrix} f_{xx}(x, y) & f_{xy}(x, y) \\ f_{xy}(x, y) & f_{yy}(x, y) \end{vmatrix} = f_{xx}(x, y)f_{yy}(x, y) - f_{xy}(x, y)^2$$

としたときに,

  (1) $H(a, b) > 0$ かつ $f_{xx}(a, b) < 0$ ならば $f(x, y)$ は $(x, y) = (a, b)$ で極大値をとる.

  (2) $H(a, b) > 0$ かつ $f_{xx}(a, b) > 0$ ならば $f(x, y)$ は $(x, y) = (a, b)$ で極小値をとる.

  (3) $H(a, b) < 0$ ならば $f(x, y)$ は $(x, y) = (a, b)$ で極値をとらない.

  (4) $H(a, b) = 0$ ならば $f(x, y)$ は $(x, y) = (a, b)$ で極値をとるか判定できない.

Point! $H(x, y)$ はヘッセ行列式と呼ばれる.

例題 3.17 次の 2 変数関数 $f(x, y)$ の極値を求めなさい.

  (1) $f(x, y) = x^4 + 6x^2 - 8xy + 2y^2$ (2) $f(x, y) = x^4 + y^4 - 2x^2 + 4xy - 2y^2$

---

　(1) 最初に次の連立方程式を解く.

$$\begin{cases} f_x(x, y) = 4x^3 + 12x - 8y = 0 & \cdots\cdots (a) \\ f_y(x, y) = -8x + 4y = 0 & \cdots\cdots (b) \end{cases}$$

(b) より $y = 2x$ を得る. これを (a) に代入すると, $4x(x^2 - 1) = 0$ より $x = 0, \pm 1$ を得る. これより, $f(x, y)$ は $(x, y) = (0, 0)$, $(\pm 1, \pm 2)$ (複号同順) で極値をとる可能性がある.

一方, $f_{xx}(x, y) = 12x^2 + 12$, $f_{xy}(x, y) = -8$, $f_{yy}(x, y) = 4$ より次を得る.

$$H(x, y) = 48(x^2 + 1) - 64 = 48x^2 - 16$$

ゆえに $(x, y) = (0, 0)$ のとき, $H(0, 0) = -16 < 0$ より, $f(x, y)$ は $(x, y) = (0, 0)$ で極値をとらない. また, $(x, y) = (\pm 1, \pm 2)$ のときは, $H(\pm 1, \pm 2) = 32 > 0$, $f_{xx}(\pm 1, \pm 2) = 24 > 0$ より, $f(x, y)$ は $(x, y) = (\pm 1, \pm 2)$ で極小で, 極小値は $f(\pm 1, \pm 2) = -1$ である.

(2) 最初に次の連立方程式を解く.

$$\begin{cases} f_x(x, y) = 4x^3 - 4x + 4y = 0 & \cdots\cdots (c) \\ f_y(x, y) = 4y^3 + 4x - 4y = 0 & \cdots\cdots (d) \end{cases}$$

(c)+(d) から $x^3 + y^3 = 0$ となり, $y = -x$ を得る. これを (c) に代入すると $x(x^2 - 2) = 0$ より, $x = 0, \pm\sqrt{2}$ を得る. これより, $f(x, y)$ は $(x, y) = (0, 0)$, $(\pm\sqrt{2}, \mp\sqrt{2})$ (複号同順) で極値をとる可能性がある.

一方, $f_{xx}(x, y) = 12x^2 - 4$, $f_{xy}(x, y) = 4$, $f_{yy}(x, y) = 12y^2 - 4$ より次を得る.

$$H(x, y) = 16(3x^2 - 1)(3y^2 - 1) - 16$$

ゆえに, $(x, y) = (\pm\sqrt{2}, \mp\sqrt{2})$ のとき, $H(\pm\sqrt{2}, \mp\sqrt{2}) = 384 > 0$, $f_{xx}(\pm\sqrt{2}, \mp\sqrt{2}) = 20 > 0$

より，$f(x, y)$ は $(x, y) = (\pm\sqrt{2}, \mp\sqrt{2})$ で極小で，極小値は $f(\pm\sqrt{2}, \mp\sqrt{2}) = -8$ である．
また，$(x, y) = (0, 0)$ のとき，$H(0, 0) = 0$ となり，この方法では極値をとるか判定できない．
$(x, y) = (0, 0)$ のときについてより詳しく調べよう．最初に $f(0, 0) = 0$ である．次に $y = x$
とすれば，$f(x, x) = 2x^4 \geqq 0$ を得る．最後に $y = -x$ とすれば，$f(x, -x) = 2x^2(x^2 - 4)$ と
なり，$-2 \leqq x \leqq 2$ のとき $f(x, -x) \leqq 0$ を得る．すなわち，$f(x, y)$ は $(x, y) = (0, 0)$ で極値
をとらない．

演習問題

3.16 次の 2 変数関数 $z = f(x, y)$ の極値を求めなさい．

(1) $f(x, y) = x^2 + xy + 2y^2 - 4y$　　　　(2) $f(x, y) = x^3 + 2xy - x - 2y$

(3) $f(x, y) = x^3 + y^3 + x^2 + y^2 - x - y + 2$　　(4) $f(x, y) = x^2 - xy + y^2 - 2x + 3y + 1$

(5) $f(x, y) = x^3 - 6xy + y^3$　　　　　　(6) $f(x, y) = xy(x^2 + y^2 - 1)$

(7) $f(x, y) = x^2 y - y^2 x - x + y$　　　　(8) $f(x, y) = x^2 y^2 - x^2 - y^2 + 1$

3.9　2 変数関数の条件付き極値

1 変数関数 $f(x)$ の場合，x に条件を付けることは，単に x の範囲を制限するだけなので，
その条件下での $f(x)$ の極値を求めることは難しくない．しかしながら，2 変数関数 $f(x, y)$ の
場合，(x, y) に条件を付けることは，xy-平面内の領域を制限することであり，その制限の仕方
はさまざまである．したがって，条件付きで $f(x, y)$ の極値を求めることは容易ではない．本
節では，2 変数関数における条件付きの極値を求める方法を紹介する．

定理 3.12

　2 変数関数 $f(x, y)$, $g(x, y)$ を C^2 級とする．また，$L(x, y, t)$ と $H(x, y, t)$ を次のように
定義する．

$$L(x, y, t) = f(x, y) - tg(x, y)$$
$$H(x, y, t) = L_{xx}(x, y, t)g_y(x, y)^2 - 2L_{xy}(x, y, t)g_x(x, y)g_y(x, y)$$
$$+ L_{yy}(x, y, t)g_x(x, y)^2$$

このとき，連立方程式

$$L_x(a, b, \lambda) = L_y(a, b, \lambda) = L_t(a, b, \lambda) = 0$$

をみたす $(x, y, t) = (a, b, \lambda)$ に対して $g_y(a, b) \neq 0$ ならば，次が成り立つ．

(1) $H(a, b, \lambda) < 0$ ならば，$f(x, y)$ は条件 $g(x, y) = 0$ のもとで，$(x, y) = (a, b)$ におい
　　て極大値をとる．

(2) $H(a, b, \lambda) > 0$ ならば，$f(x, y)$ は条件 $g(x, y) = 0$ のもとで，$(x, y) = (a, b)$ におい
　　て極小値をとる．

> **例題 3.18**　$x^2 + y^2 = 1$ のとき，2 変数関数 $f(x, y) = x^4 + y^4$ の極値を求めなさい.

解答　$g(x, y) = x^2 + y^2 - 1$，$L(x, y, t) = x^4 + y^4 - t(x^2 + y^2 - 1)$ とおく. 最初に次の連立方程式を解く.

$$\begin{cases} L_x(x, y, t) = 4x^3 - 2tx = 0 & \cdots\cdots (a) \\ L_y(x, y, t) = 4y^3 - 2ty = 0 & \cdots\cdots (b) \\ L_t(x, y, t) = -(x^2 + y^2 - 1) = 0 & \cdots\cdots (c) \end{cases}$$

(a) 式から $x = 0, \pm\sqrt{\dfrac{t}{2}}$ を得る. また，(b) 式から $y = 0, \pm\sqrt{\dfrac{t}{2}}$ を得る. これらを (c) 式に代入することによって，$(x, y, t) = (\pm 1, 0, 2), (0, \pm 1, 2), \left(\dfrac{1}{\sqrt{2}}, \pm\dfrac{1}{\sqrt{2}}, 1\right), \left(-\dfrac{1}{\sqrt{2}}, \pm\dfrac{1}{\sqrt{2}}, 1\right)$ を得る. よって，$f(x, y)$ はこれらの (x, y) で極値をとる可能性がある. ここで，

$$\begin{cases} L_{xx}(x, y, t) = 12x^2 - 2t \\ L_{xy}(x, y, t) = 0 \\ L_{yy}(x, y, t) = 12y^2 - 2t \end{cases} \qquad \begin{cases} g_x(x, y) = 2x \\ g_y(x, y) = 2y \end{cases}$$

であり，$H(x, y, t)$ を次のように定義する.

$$\begin{aligned} H(x, y, t) &= L_{xx}(x, y, t)g_y(x, y)^2 - 2L_{xy}(x, y, t)g_x(x, y)g_y(x, y) + L_{yy}(x, y, t)g_x(x, y)^2 \\ &= 8(6x^2 - t)y^2 + 8(6y^2 - t)x^2 \end{aligned}$$

$(x, y, t) = (\pm 1, 0, 2), (0, \pm 1, 2)$ のとき，$H(\pm 1, 0, 2) = H(0, \pm 1, 2) = -16 < 0$ を得る. ゆえに，$(x, y) = (\pm 1, 0), (0, \pm 1)$ のとき $f(x, y)$ は極大で，極大値は $f(\pm 1, 0) = f(0, \pm 1) = 1$ である.

一方，$(x, y, t) = \left(\dfrac{1}{\sqrt{2}}, \pm\dfrac{1}{\sqrt{2}}, 1\right), \left(-\dfrac{1}{\sqrt{2}}, \pm\dfrac{1}{\sqrt{2}}, 1\right)$ のとき，次を得る.

$$H\left(\dfrac{1}{\sqrt{2}}, \pm\dfrac{1}{\sqrt{2}}, 1\right) = H\left(-\dfrac{1}{\sqrt{2}}, \pm\dfrac{1}{\sqrt{2}}, 1\right) = 16 > 0$$

ゆえに，$(x, y) = \left(\dfrac{1}{\sqrt{2}}, \pm\dfrac{1}{\sqrt{2}}\right), \left(-\dfrac{1}{\sqrt{2}}, \pm\dfrac{1}{\sqrt{2}}\right)$ のとき $f(x, y)$ は極小で，極小値は $f\left(\dfrac{1}{\sqrt{2}}, \pm\dfrac{1}{\sqrt{2}}\right) = f\left(-\dfrac{1}{\sqrt{2}}, \pm\dfrac{1}{\sqrt{2}}\right) = \dfrac{1}{2}$ である. ∎

演習問題

3.17　次の 2 変数関数 $z = f(x, y)$ について，$g(x, y) = 0$ という条件のもとで極値を求めなさい.

(1) $f(x, y) = x + y$ 　　$g(x, y) = x^2 + y^2 - 1$

(2) $f(x, y) = xy$ 　　　$g(x, y) = x^2 + y^2 - 1$

(3) $f(x, y) = x^2 + y^2$ 　$g(x, y) = xy - 1$

(4) $f(x,y) = 4x^2 + 4xy + y^2$　　$g(x,y) = x^2 + y^2 - 1$

(5) $f(x,y) = xy$　　　　　　　$g(x,y) = x^2 + xy + y^2 - 1$

3.10　テイラーの定理

1 変数関数と同様に，2 変数関数の場合も多項式で近似をするテイラーの定理が成り立つ．2 変数関数のテイラーの定理は，1 変数関数の場合と比べてより複雑な形をしているが，1 変数関数のテイラーの定理 (定理 1.33) と見比べてどのように拡張されているのかを確かめるとよい．

最初に次の記号 (演算子) を定義しておく．

定義 3.10

$h, k \in \mathbb{R}$ とする．2 変数関数 $f(x,y)$ に対して，演算子 $h\dfrac{\partial}{\partial x} + k\dfrac{\partial}{\partial y}$ を次のように定義する．

$$\left(h\frac{\partial}{\partial x} + k\frac{\partial}{\partial y} \right) f(x,y) = h\frac{\partial f}{\partial x}(x,y) + k\frac{\partial f}{\partial y}(x,y)$$

$$\left(h\frac{\partial}{\partial x} + k\frac{\partial}{\partial y} \right)^n f(x,y) = \left(h\frac{\partial}{\partial x} + k\frac{\partial}{\partial y} \right)\left(h\frac{\partial}{\partial x} + k\frac{\partial}{\partial y} \right)^{n-1} f(x,y)$$

たとえば，$f_{xy} = f_{yx}$，$f_{xxy} = f_{xyx} = f_{yxx}$，$f_{xyy} = f_{yxy} = f_{yyx}$ が成り立っていたとき，$n = 2, 3$ のときは次のようになる．

$$\left(h\frac{\partial}{\partial x} + k\frac{\partial}{\partial y} \right)^2 f = \left(h\frac{\partial}{\partial x} + k\frac{\partial}{\partial y} \right)\left(h\frac{\partial}{\partial x} + k\frac{\partial}{\partial y} \right) f$$

$$= \left(h\frac{\partial}{\partial x} + k\frac{\partial}{\partial y} \right)\left(h\frac{\partial f}{\partial x} + k\frac{\partial f}{\partial y} \right)$$

$$= h^2 \frac{\partial^2 f}{\partial x^2} + 2hk \frac{\partial^2 f}{\partial x \partial y} + k^2 \frac{\partial^2 f}{\partial y^2}$$

$$\left(h\frac{\partial}{\partial x} + k\frac{\partial}{\partial y} \right)^3 f = \left(h\frac{\partial}{\partial x} + k\frac{\partial}{\partial y} \right)\left(h\frac{\partial}{\partial x} + k\frac{\partial}{\partial y} \right)^2 f$$

$$= \left(h\frac{\partial}{\partial x} + k\frac{\partial}{\partial y} \right)\left(h^2 \frac{\partial^2 f}{\partial x^2} + 2hk \frac{\partial^2 f}{\partial x \partial y} + k^2 \frac{\partial^2 f}{\partial y^2} \right)$$

$$= h^3 \frac{\partial^3 f}{\partial x^3} + 3h^2 k \frac{\partial^3 f}{\partial x^2 \partial y} + 3hk^2 \frac{\partial^3 f}{\partial x \partial y^2} + k^3 \frac{\partial^3 f}{\partial y^3}$$

Point!　上の計算結果は，二項定理を使って $(h+k)^n$ を展開した式とよく似ていることに注意しよう．

定理 **3.13** (テイラーの定理)

2変数関数 $f(x,y)$ と $(x,y)=(a,b)$ に対して，次が成り立つ．

$$f(x,y) = \sum_{k=0}^{n} \frac{1}{k!} \left((x-a)\frac{\partial}{\partial x} + (y-b)\frac{\partial}{\partial y} \right)^k f(a,b)$$

$$+ \frac{1}{(n+1)!} \left((x-a)\frac{\partial}{\partial x} + (y-b)\frac{\partial}{\partial y} \right)^{n+1} f(ta+(1-t)x, tb+(1-t)y)$$

となる $t \in [0,1]$ が存在する．これを $f(x,y)$ の $(x,y)=(a,b)$ における n 次までの**テイラー展開**と呼ぶ．また，最後の項を**剰余項**と呼ぶ．

特に $(x,y)=(0,0)$ におけるテイラー展開のことを**マクローリン展開**と呼ぶ．

例題 3.19 2変数関数 $f(x,y) = e^{x+2y}$ の，$(x,y)=(-2,1)$ における剰余項を除いた3次までのテイラー展開を求めなさい．

解答 最初に，$f(x,y) = e^{x+2y}$ より $f(-2,1) = 1$ を得る．次に1次偏導関数を求めて，次を得る．

$$\begin{cases} f_x(x,y) = e^{x+2y} \\ f_y(x,y) = 2e^{x+2y} \end{cases} \quad \text{より} \quad \begin{cases} f_x(-2,1) = 1 \\ f_y(-2,1) = 2 \end{cases}$$

また，2次偏導関数を求めると，次がわかる．

$$\begin{cases} f_{xx}(x,y) = e^{x+2y} \\ f_{xy}(x,y) = f_{yx}(x,y) = 2e^{x+2y} \\ f_{yy}(x,y) = 4e^{x+2y} \end{cases} \quad \text{より} \quad \begin{cases} f_{xx}(-2,1) = 1 \\ f_{xy}(-2,1) = f_{yx}(-2,1) = 2 \\ f_{yy}(-2,1) = 4 \end{cases}$$

最後に3次偏導関数は次の通りである．

$$\begin{cases} f_{xxx}(x,y) = e^{x+2y} \\ f_{xxy}(x,y) = f_{xyx}(x,y) = f_{yxx}(x,y) = 2e^{x+2y} \\ f_{xyy}(x,y) = f_{yxy}(x,y) = f_{yyx}(x,y) = 4e^{x+2y} \\ f_{yyy}(x,y) = 8e^{x+2y} \end{cases}$$

したがって，次を得る．

$$\begin{cases} f_{xxx}(-2,1) = 1 \\ f_{xxy}(-2,1) = f_{xyx}(-2,1) = f_{yxx}(-2,1) = 2 \\ f_{xyy}(-2,1) = f_{yxy}(-2,1) = f_{yyx}(-2,1) = 4 \\ f_{yyy}(-2,1) = 8 \end{cases}$$

よって $f(x,y) = e^{x+2y}$ の $(x,y)=(-2,1)$ における3次までのテイラー展開は次のようになる．

$$f(-2,1) + \{f_x(-2,1)(x+2) + f_y(-2,1)(y-1)\}$$

$$+ \frac{1}{2!} \{f_{xx}(-2,1)(x+2)^2 + 2f_{xy}(-2,1)(x+2)(y-1) + f_{yy}(-2,1)(y-1)^2\}$$

$$+ \frac{1}{3!}\{f_{xxx}(-2,1)(x+2)^3 + 3f_{xxy}(-2,1)(x+2)^2(y-1)$$

$$+ 3f_{xyy}(-2,1)(x+2)(y-1)^2 + f_{yyy}(-2,1)(y-1)^3\}$$

$$= 1 + \{(x+2) + 2(y-1)\} + \frac{1}{2}\{(x+2)^2 + 4(x+2)(y-1) + 4(y-1)^2\}$$

$$+ \frac{1}{6}\{(x+2)^3 + 6(x+2)^2(y-1) + 12(x+2)(y-1)^2 + 8(y-1)^3\} \qquad \blacksquare$$

2 変数関数のマクローリン展開は，1 変数関数のマクローリン展開 (系 1.34) を使って次の
ように求めることもできる．たとえば，$f(x,y) = e^{t(x+2y)}$ の 3 次までのマクローリン展開を
求めよう．

$f(-2+t(x+2),\, 1+t(y-1)) = e^{t(x+2y)}$ の t についてのマクローリン展開を求めて，$t = 1$
とすればよい．$f(-2+t(x+2),\, 1+t(y-1)) = e^{t(x+2y)}$ の 3 次までのマクローリン展開は

$$1 + (x+2y)t + \frac{1}{2!}(x+2y)^2 t^2 + \frac{1}{3!}(x+2y)^3 t^3$$

よって，$t = 1$ とすれば，

$$1 + x + 2y + \frac{1}{2!}(x+2y)^2 + \frac{1}{3!}(x+2y)^3$$

演習問題

3.18 次の 2 変数関数 $z = f(x,y)$ の与えられた (x,y) において 3 次までのテイラー展開を求めな
さい (剰余項は求めなくてよい)．

(1) $f(x,y) = e^{x-y}$, $(1,1)$ \qquad (2) $f(x,y) = \sin(2x-y)$, $(1,2)$

(3) $f(x,y) = \dfrac{1}{x-y}$, $(1,0)$ \qquad (4) $f(x,y) = e^x \log(1+y)$, $(0,0)$

(5) $f(x,y) = e^y \cos x$, $(0,0)$ \qquad (6) $f(x,y) = \sqrt{x+2y}$, $(3,-1)$

4

多変数関数の積分法

「満足するな，高みに登れ」
井上円了

　本章では，2変数関数の積分についてその計算方法と応用を紹介する．2変数関数の積分において本質的な計算部分は，1変数関数の積分と同じである．したがって，2変数関数においては不定積分の学習をする必要はない．しかしながら，1変数関数の定積分において，積分範囲は単なる実数の区間であったのと異なり，2変数関数の定積分では，積分範囲は xy-平面内の領域になる．すなわち，縦と横の2方向の広がりをもつ領域を積分範囲として扱う．このため，2変数関数の定積分においては，積分をする領域の扱いが難しいこともある．

4.1　累次積分

　1変数関数 $f(x)$ を定積分する際に，変数 x の積分範囲を注意深く扱うことは，あまりない．しかしながら2変数関数 $f(x,y)$ を定積分する際には，変数 x と y の積分範囲は縦と横の広がりをもつため，その扱いは難しい．以下，具体的な例を通して2変数関数の定積分の計算方法を見ていこう．なお，1変数関数の定積分を多変数関数へ拡張したものを**重積分**という．

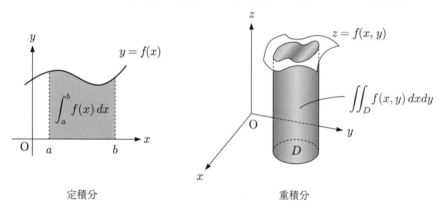

定積分　　　　　　　　　　　　　重積分

定理 4.1 (積分をする領域の変数 x と y が無関係のとき)

　2変数関数 $f(x,y)$ の領域

$$D = [a,b] \times [c,d] = \{(x,y) \in \mathbb{R}^2 \,;\, a \leqq x \leqq b,\ c \leqq y \leqq d\}$$

における重積分 $\iint_D f(x,y)\,dxdy$ は次の 2 通りの手順で計算する.

$$\iint_D f(x,y)\,dxdy = \int_a^b \left(\int_c^d f(x,y)\,dy\right) dx \qquad (y\text{ で先に定積分})$$

$$= \int_c^d \left(\int_a^b f(x,y)\,dx\right) dy \qquad (x\text{ で先に定積分})$$

上の式の第 2 項や第 3 項のような形で表された重積分を**累次積分**という.

Point!

(1)　$D = [a,b] \times [c,d]$ としたとき, $\iint_D f(x,y)\,dxdy$ は $\int_a^b \int_c^d f(x,y)\,dydx$ や

$\int_a^b dx \int_c^d f(x,y)\,dy$ と表すこともある.

(2)　1 変数関数の 2 つの定積分の積は, 次のように重積分で表せる.

$$\int_a^b f(x)\,dx \times \int_c^d g(y)\,dy = \iint_D f(x)g(y)\,dxdy, \quad D = [a,b] \times [c,d]$$

例題 4.1　次の計算をしなさい.

$$\iint_D (xy + 3x - y)\,dxdy, \ D = [0,1] \times [2,3]$$

解答
$$\iint_D (xy + 3x - y)\,dxdy = \int_0^1 \left(\int_2^3 (xy + 3x - y)\,dy\right) dx$$
$$= \int_0^1 \left[\frac{1}{2}xy^2 + 3xy - \frac{1}{2}y^2\right]_2^3 dx$$
$$= \int_0^1 \left\{\left(\frac{9}{2}x + 9x - \frac{9}{2}\right) - (2x + 6x - 2)\right\} dx$$
$$= \int_0^1 \left(\frac{11}{2}x - \frac{5}{2}\right) dx = \left[\frac{11}{4}x^2 - \frac{5}{2}x\right]_0^1 = \frac{1}{4}$$

定理 4.2 (積分をする領域の変数 x と y の間に関係があるとき)

2 変数関数 $f(x,y)$ の領域

$$D = \{(x,y) \in \mathbb{R}^2\,;\, a \leqq x \leqq b, \varphi(x) \leqq y \leqq \phi(x)\}$$

における重積分 $\iint_D f(x,y)\,dxdy$ は次のように計算する.

$$\iint_D f(x,y)\,dxdy = \int_a^b \left(\int_{\varphi(x)}^{\phi(x)} f(x,y)\,dy\right) dx$$

例題 4.2　次の計算をしなさい.

(1)　$\iint_D (x^2y - 1)\,dxdy, \ D = \{(x,y)\,;\, 0 \leqq x \leqq 1,\ 0 \leqq y \leqq 1 - x\}$

(2) $\displaystyle\iint_D (xy + y)\, dxdy, \ \ D = \{(x, y)\, ; 0 \leqq x, \ 0 \leqq y, \ x^2 + y^2 \leqq 1\}$

解答 (1) $\displaystyle\iint_D (x^2 y - 1)\, dxdy = \int_0^1 \left\{ \int_0^{1-x} (x^2 y - 1)\, dy \right\} dx$

$$= \int_0^1 \left[\frac{1}{2} x^2 y^2 - y \right]_0^{1-x} dx$$

$$= \int_0^1 \left(\frac{1}{2} x^2 - x^3 + \frac{1}{2} x^4 - 1 + x \right) dx$$

$$= \left[\frac{1}{6} x^3 - \frac{1}{4} x^4 + \frac{1}{10} x^5 - x + \frac{1}{2} x^2 \right]_0^1 = -\frac{29}{60}$$

(2) 最初に領域 D を図示する.

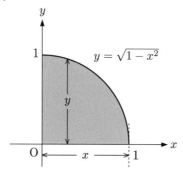

これより, 領域 D は次のように表すことができる.

$$D = \{(x, y)\, ; 0 \leqq x \leqq 1, \ 0 \leqq y \leqq \sqrt{1 - x^2}\}$$

よって,

$$\iint_D (xy + y)\, dxdy = \int_0^1 \left\{ \int_0^{\sqrt{1-x^2}} (xy + y)\, dy \right\} dx$$

$$= \int_0^1 \left[\frac{1}{2} xy^2 + \frac{1}{2} y^2 \right]_0^{\sqrt{1-x^2}} dx$$

$$= \int_0^1 \left(\frac{1}{2} x - \frac{1}{2} x^3 + \frac{1}{2} - \frac{1}{2} x^2 \right) dx$$

$$= \left[\frac{1}{4} x^2 - \frac{1}{8} x^4 + \frac{1}{2} x - \frac{1}{6} x^3 \right]_0^1 = \frac{11}{24}$$

演習問題

4.1 次の計算をしなさい.

(1) $\displaystyle\iint_D (2x - y)\, dxdy$, $\quad D = [0, 1] \times [1, 2]$

(2) $\displaystyle\iint_D (x^2 y + y^2)\, dxdy$, $\quad D = [1, 2] \times [2, 3]$

(3) $\displaystyle\iint_D (x^2 + 2xy + y)\,dxdy$, $\quad D = [0,1] \times [-1,2]$

(4) $\displaystyle\iint_D xy(x-y)\,dxdy$, $\qquad D = [0,1] \times [0,2]$

(5) $\displaystyle\iint_D e^{2x+3y}\,dxdy$, $\qquad D = [0,1] \times [0,3]$

4.2 次の計算をしなさい.

(1) $\displaystyle\iint_D x\,dxdy$, $\qquad D = \left\{(x,y)\,;\, 0 \leqq x \leqq \dfrac{1}{2},\, x^2 \leqq y \leqq \dfrac{x}{2}\right\}$

(2) $\displaystyle\iint_D y\,dxdy$, $\qquad D = \{(x,y)\,;\, 0 \leqq x \leqq y \leqq \sqrt{x} \leqq 1\}$

(3) $\displaystyle\iint_D xy^2\,dxdy$, $\qquad D = \{(x,y)\,;\, 0 \leqq y \leqq x \leqq 1\}$

(4) $\displaystyle\iint_D x\,dxdy$, $\qquad D = \{(x,y)\,;\, x^2 + y^2 \leqq 1,\, x \geqq 0\}$

(5) $\displaystyle\iint_D \dfrac{y}{\sqrt{1+x^3}}\,dxdy$, $\quad D = \{(x,y)\,;\, 0 \leqq x \leqq 1,\, 0 \leqq y \leqq x\}$

4.3 $D = [a,b] \times [c,d]$ とする. 次を示しなさい.

$$\iint_D f(x)g(y)\,dxdy = \int_a^b f(x)\,dx \int_c^d g(y)\,dy$$

4.2 積分順序の変更

重積分の計算をする際に, 積分をする xy-平面の領域の見方を変えることによって, 先に x で積分をしたり, y で積分をしたりと積分の順序を入れ替えることができる. 積分の順序を入れ替えるときは, 積分をする xy-平面の領域を図示する必要がある.

定理 4.3 (積分順序の変更)

xy-平面の領域 D が

$$D = \{(x,y)\,;\, a \leqq x \leqq b, \varphi_1(x) \leqq y \leqq \varphi_2(x)\}$$
$$= \{(x,y)\,;\, \phi_1(y) \leqq x \leqq \phi_2(y),\, c \leqq y \leqq d\}$$

と 2 通りの表し方があるとき, 重積分 $\displaystyle\iint_D f(x,y)\,dxdy$ は次の 2 通りの計算ができる.

$$\iint_D f(x,y)\,dxdy = \int_a^b \left(\int_{\varphi_1(x)}^{\varphi_2(x)} f(x,y)\,dy\right) dx \qquad (y \text{ で先に定積分})$$
$$= \int_c^d \left(\int_{\phi_1(y)}^{\phi_2(y)} f(x,y)\,dx\right) dy \qquad (x \text{ で先に定積分})$$

積分をする変数の順序を変えることを, **積分順序の変更**と呼ぶ.

次の例題は, 積分順序を変更しないと計算ができない.

例題 4.3　重積分 $\displaystyle\int_0^{\sqrt{\pi}} \left(\int_x^{\sqrt{\pi}} \sin y^2 \, dy \right) dx$ の計算をしなさい.

解答　重積分をする xy-平面の領域を D とすると,

$$D = \{(x,y)\,; 0 \leqq x \leqq \sqrt{\pi},\ x \leqq y \leqq \sqrt{\pi}\} = \{(x,y)\,; 0 \leqq x \leqq y,\ 0 \leqq y \leqq \sqrt{\pi}\}$$

より，積分順序の変更をして計算をすればよい.

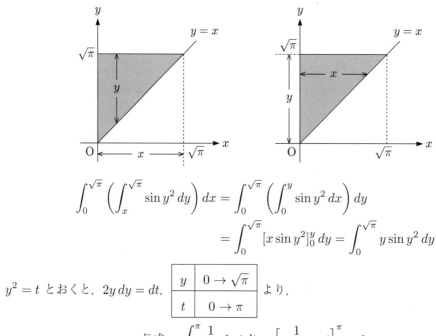

$$\int_0^{\sqrt{\pi}} \left(\int_x^{\sqrt{\pi}} \sin y^2 \, dy \right) dx = \int_0^{\sqrt{\pi}} \left(\int_0^{y} \sin y^2 \, dx \right) dy$$

$$= \int_0^{\sqrt{\pi}} [x \sin y^2]_0^y \, dy = \int_0^{\sqrt{\pi}} y \sin y^2 \, dy$$

$y^2 = t$ とおくと，$2y\,dy = dt$,

y	$0 \to \sqrt{\pi}$
t	$0 \to \pi$

より，

$$与式 = \int_0^{\pi} \frac{1}{2} \sin t \, dt = \left[-\frac{1}{2} \cos t \right]_0^{\pi} = 1$$

演習問題

4.4　次の重積分の積分順序を変更しなさい.

(1) $\displaystyle\int_0^1 \left(\int_0^{2x} f(x,y) \, dy \right) dx$
  (2) $\displaystyle\int_0^1 \left(\int_{x^2}^{x} f(x,y) \, dy \right) dx$

(3) $\displaystyle\int_{-1}^1 \left(\int_{x^2}^{1} f(x,y) \, dy \right) dx$
  (4) $\displaystyle\int_{-1}^1 \left(\int_0^{2\sqrt{1-x^2}} f(x,y) \, dy \right) dx$

4.5　次の計算をしなさい.

(1) $\displaystyle\iint_D dxdy$,　$D = \{(x,y)\,; x^2 + y^2 \leqq 1,\ 0 \leqq x \leqq y\}$

(2) $\displaystyle\iint_D dxdy$,　$D = \{(x,y)\,; y \geqq x^2,\ 8x \geqq y^2\}$

(3) $\displaystyle\iint_D y\,dxdy$,　$D = \{(x,y)\,; y \geqq x^2,\ 8x \geqq y^2\}$

(4) $\displaystyle\iint_D e^{x^2} dxdy$,　$D = \{(x,y)\,; y \leqq x \leqq 1,\ 0 \leqq y \leqq 1\}$

4.3　変数変換

　本節では，1変数関数の置換積分に相当する，重積分の変数変換に方法ついて紹介する．重積分の変数変換において問題となるのは領域の向きである．1変数関数の場合，領域の向きは左右2方向しかないので，容易に計算できたが，重積分の場合はそう単純ではない．そのため，第2章の定理 2.15′ のアイディアを使う．

定理 4.4 (変数変換)

　$f(x,y)$ を2変数関数，D を xy-平面の領域とする．$x = x(u,v)$, $y = y(u,v)$ とし，uv-平面の領域 E を $x(u,v)$, $y(u,v)$ によって D に移される領域とする．このとき，$\dfrac{\partial(x,y)}{\partial(u,v)}$ をヤコビアン，すなわち

$$\frac{\partial(x,y)}{\partial(u,v)} = \begin{vmatrix} x_u & x_v \\ y_u & y_v \end{vmatrix} = x_u y_v - x_v y_u$$

とすれば，次が成り立つ．

$$\iint_D f(x,y)\,dxdy = \iint_E f(x(u,v),\ y(u,v)) \left| \frac{\partial(x,y)}{\partial(u,v)} \right| dudv$$

　特に，$\begin{cases} x = r\cos\theta \\ y = r\sin\theta \end{cases}$ $(r \geqq 0)$ と極座標表示をすれば，ヤコビアンは次のようになる．

$$\frac{\partial(x,y)}{\partial(r,\theta)} = \begin{vmatrix} x_r & x_\theta \\ y_r & y_\theta \end{vmatrix} = \begin{vmatrix} \cos\theta & -r\sin\theta \\ \sin\theta & r\cos\theta \end{vmatrix} = r$$

よって，次の式を得る．

$$\iint_D f(x,y)\,dxdy = \iint_E f(r\cos\theta,\ r\sin\theta)r\,drd\theta$$

例題 4.4　変数変換を利用して次の計算をしなさい．

(1) $\displaystyle\iint_D \frac{1}{x^2+y^2}\,dxdy$, $D = \{(x,y)\,;\, 1 \leqq x \leqq 2,\ 0 \leqq y \leqq x\}$

(2) $\displaystyle\iint_D \frac{x^2 y^2}{\sqrt{x^2+y^2}}\,dxdy$, $D = \{(x,y)\,;\, 1 \leqq x^2+y^2 \leqq 4\}$

解答　(1) $\begin{cases} x = u \\ y = uv \end{cases}$ とおくと，$1 \leqq x \leqq 2$ より，$1 \leqq u \leqq 2$ を得る．また，

$$0 \leqq y \leqq x \ \Leftrightarrow\ 0 \leqq uv \leqq u \ \Leftrightarrow\ 0 \leqq v \leqq 1$$

ここで，$E = \{(u,v)\,;\, 1 \leqq u \leqq 2,\ 0 \leqq v \leqq 1\}$ とする．一方，

$$\frac{\partial(x,y)}{\partial(u,v)} = \begin{vmatrix} 1 & 0 \\ v & u \end{vmatrix} = u$$

よって,

$$\iint_D \frac{1}{x^2+y^2}\,dxdy = \iint_E \frac{1}{u^2(1+v^2)}\,|u|\,dudv$$

$$= \int_1^2 \left(\int_0^1 \frac{1}{u(1+v^2)}\,dv \right) du$$

$$= \int_1^2 \left[\frac{1}{u}\tan^{-1}v \right]_0^1 du$$

$$= \int_1^2 \frac{\pi}{4u}\,du = \left[\frac{\pi}{4}\log u \right]_1^2 = \frac{\pi}{4}\log 2$$

(2) $\begin{cases} x = r\cos\theta \\ y = r\sin\theta \end{cases}$ $(r \geqq 0)$ とおく. $1 \leqq x^2+y^2 \leqq 4$ より, $1 \leqq r \leqq 2$, $0 \leqq \theta < 2\pi$. ここ

で, $E = \{(r,\theta)\,;\,1 \leqq r \leqq 2,\,0 \leqq \theta < 2\pi\}$ とする. 一方, $\dfrac{\partial(x,y)}{\partial(r,\theta)} = r$. よって,

$$\iint_D \frac{x^2y^2}{\sqrt{x^2+y^2}}\,dxdy = \iint_E \frac{r^4\cos^2\theta\sin^2\theta}{r}\,|r|\,drd\theta$$

$$= \int_0^{2\pi} \left(\int_1^2 \frac{1}{4}r^4\sin^2 2\theta\,dr \right) d\theta$$

$$= \int_0^{2\pi} \left[\frac{1}{20}r^5\sin^2 2\theta \right]_1^2 d\theta = \int_0^{2\pi} \frac{31}{20}\sin^2 2\theta\,d\theta$$

$$= \frac{31}{20}\int_0^{2\pi} \frac{1-\cos 4\theta}{2}\,d\theta = \frac{31}{40}\left[\theta - \frac{1}{4}\sin 4\theta \right]_0^{2\pi} = \frac{31}{20}\pi$$

演習問題

4.6 $\begin{cases} x = r\cos\theta \\ y = r\sin\theta \end{cases}$ $(r \geqq 0)$ と変数変換して, 次の計算をしなさい.

(1) $\displaystyle\iint_D \sqrt{1-x^2-y^2}\,dxdy$,　　$D = \{(x,y)\,;\,x^2+y^2 \leqq 1\}$

(2) $\displaystyle\iint_D \frac{1}{(x^2+y^2)^6}\,dxdy$,　　　$D = \{(x,y)\,;\,1 \leqq x^2+y^2 \leqq 4\}$

(3) $\displaystyle\iint_D x\,dxdy$,　　　　　　　$D = \{(x,y)\,;\,x^2+y^2 \leqq x\}$

4.7 適当な変数変換を用いて, 次の計算をしなさい.

(1) $\displaystyle\iint_D y\,dxdy$,　　　　　　$D = \{(x,y)\,;\,0 \leqq x+y \leqq 1,\,0 \leqq y-x \leqq 1\}$

(2) $\displaystyle\iint_D (x-y)e^{x+y}\,dxdy$,　　$D = \{(x,y)\,;\,0 \leqq x+y \leqq 2,\,0 \leqq x-y \leqq 2\}$

(3) $\displaystyle\iint_D \frac{x^2+y^2}{(x+y)^3}\,dxdy$,　　$D = \{(x,y)\,;\,1 \leqq x+y \leqq 3,\,x \geqq 0,\,y \geqq 0\}$

4.4 広義積分

1変数関数の広義積分と同様に多変数関数でも広義積分が考えられる. 1変数関数の場合, 広義積分は積分区間の端点について極限を用いて計算をした. これは, 積分区間自身の極限として解釈できる. 2変数関数の場合は, 積分をする領域自身の極限を用いて広義積分の計算をする. 2変数関数の広義積分は, 1変数関数の場合と比べて, よりデリケートな扱いをしなければならないことに注意しよう.

定義 4.1 (単調近似列)

xy-平面の領域 D に対して, xy-平面の領域の列 $\{S_n\}_{n=1}^{\infty}$ が, 次の2条件をみたすとき, $\{S_n\}_{n=1}^{\infty}$ を D の**単調近似列**という.

(1) $S_1 \subseteq S_2 \subseteq \cdots \subseteq S_n \subseteq \cdots \subseteq D$

(2) どんな $A \subset D$ に対しても, n が十分に大きければ $A \subseteq S_n$

定義 4.2 (広義積分)

$f(x,y)$ を2変数関数, D を xy-平面の領域とする. どんな D の単調近似列 $\{S_n\}_{n=1}^{\infty}$ に対しても,

$$\lim_{n\to\infty} \iint_{S_n} f(x,y)\,dxdy$$

が一定の有限値となるとき, その極限値を $\iint_D f(x,y)\,dxdy$ で表し, $f(x,y)$ の**広義積分**という.

定理 4.5

2変数関数 $f(x,y)$ が xy-平面の領域 D 上で正であり, D のある1つの単調近似列 $\{S_n\}_{n=1}^{\infty}$ に対して

$$\lim_{n\to\infty} \iint_{S_n} f(x,y)\,dxdy$$

が有限の値で存在すれば, 次が成り立つ.

$$\lim_{n\to\infty} \iint_{S_n} f(x,y)\,dxdy = \iint_D f(x,y)\,dxdy$$

例題 4.5　次の計算をしなさい.

(1) $\displaystyle\iint_D \frac{1}{\sqrt{1-x-y}}\,dxdy,$　　$D = \{(x,y)\,;\, 0 \leqq x,\ 0 \leqq y,\ x+y \leqq 1\}$

(2) $\displaystyle\iint_D \frac{x-y}{(x+y)^3}\,dxdy,$　　$D = \{(x,y)\,;\, 0 \leqq x \leqq 1,\ 0 \leqq y \leqq 1\}$

解答　$x+y=1$ において $\dfrac{1}{\sqrt{1-x-y}}$ が定義されない．そこで，D の単調近似列 $\{S_n\}_{n=1}^{\infty}$ を次のように定義する．

$$S_n = \left\{(x,y)\,;\, 0 \leqq x,\ 0 \leqq y,\ x+y \leqq 1-\frac{1}{n}\right\}$$

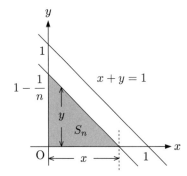

図より次がわかる．

$$S_n = \left\{(x,y)\,;\, 0 \leqq x,\ 0 \leqq y,\ x+y \leqq 1-\frac{1}{n}\right\}$$
$$= \left\{(x,y)\,;\, 0 \leqq x \leqq 1-\frac{1}{n},\ 0 \leqq y \leqq 1-\frac{1}{n}-x\right\}$$

したがって，

$$\iint_{S_n} \frac{1}{\sqrt{1-x-y}}\,dxdy = \int_0^{1-\frac{1}{n}} \left(\int_0^{1-\frac{1}{n}-x} \frac{1}{\sqrt{1-x-y}}\,dy\right)dx$$
$$= \int_0^{1-\frac{1}{n}} \left[-2\sqrt{1-x-y}\,\right]_0^{1-\frac{1}{n}-x}dx$$
$$= \int_0^{1-\frac{1}{n}} \left(2\sqrt{1-x} - \frac{2}{\sqrt{n}}\right)dx$$
$$= \left[-\frac{4}{3}(1-x)^{\frac{3}{2}} - \frac{2}{\sqrt{n}}x\right]_0^{1-\frac{1}{n}}$$
$$= -\frac{4}{3}\left(\frac{1}{n}\right)^{\frac{3}{2}} + \frac{4}{3} - \frac{2}{\sqrt{n}}\left(1-\frac{1}{n}\right)$$

よって，

$$\lim_{n\to\infty} \iint_{S_n} \frac{1}{\sqrt{1-x-y}}\,dxdy = \lim_{n\to\infty}\left\{-\frac{4}{3}\left(\frac{1}{n}\right)^{\frac{3}{2}} + \frac{4}{3} - \frac{2}{\sqrt{n}}\left(1-\frac{1}{n}\right)\right\} = \frac{4}{3}$$

ここで，D 内で $\dfrac{1}{\sqrt{1-x-y}} \geqq 0$ より，定理 4.5 から，

$$\iint_D \frac{1}{\sqrt{1-x-y}}\,dxdy = \lim_{n\to\infty} \iint_{S_n} \frac{1}{\sqrt{1-x-y}}\,dxdy = \frac{4}{3}$$

(2) $\dfrac{x-y}{(x+y)^3}$ は D 内で常に正ではないので定理 4.5 は使えない．また，$(x,y)=(0,0)$ において $\dfrac{x-y}{(x+y)^3}$ が定義されない．そこで，さしあたり 2 種類の D の単調近似列を使って広義

積分を計算する.

(i) $S_n = \left\{ (x,y) ; \dfrac{1}{n} \leqq x \leqq 1, \, 0 \leqq y \leqq 1 \right\}$ とする. $\{S_n\}_{n=1}^{\infty}$ は D の単調近似列となる.

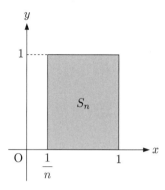

このとき,

$$
\begin{aligned}
\iint_{S_n} \frac{x-y}{(x+y)^3}\, dxdy &= \int_{\frac{1}{n}}^{1} \left(\int_{0}^{1} \frac{x-y}{(x+y)^3}\, dy \right) dx \\
&= \int_{\frac{1}{n}}^{1} \left(\int_{0}^{1} \left\{ \frac{2x}{(x+y)^3} - \frac{1}{(x+y)^2} \right\} dy \right) dx \\
&= \int_{\frac{1}{n}}^{1} \left[-\frac{x}{(x+y)^2} + \frac{1}{x+y} \right]_{0}^{1} dx \\
&= \int_{\frac{1}{n}}^{1} \frac{1}{(x+1)^2}\, dx = \left[-\frac{1}{x+1} \right]_{\frac{1}{n}}^{1} = -\frac{1}{2} + \frac{1}{\frac{1}{n}+1}
\end{aligned}
$$

よって,

$$
\lim_{n\to\infty} \iint_{S_n} \frac{x-y}{(x+y)^3}\, dxdy = \lim_{n\to\infty} \left(-\frac{1}{2} + \frac{1}{\frac{1}{n}+1} \right) = \frac{1}{2}
$$

(ii) $T_n = \left\{ (x,y) ; 0 \leqq x \leqq 1, \dfrac{1}{n} \leqq y \leqq 1 \right\}$ とする. $\{T_n\}_{n=1}^{\infty}$ も D の単調近似列となる.

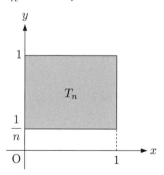

このとき,

$$
\iint_{T_n} \frac{x-y}{(x+y)^3}\, dxdy = \int_{\frac{1}{n}}^{1} \left(\int_{0}^{1} \frac{x-y}{(x+y)^3}\, dx \right) dy
$$

$$= \int_{\frac{1}{n}}^{1} \left(\int_0^1 \left\{ \frac{1}{(x+y)^2} - \frac{2y}{(x+y)^3} \right\} dx \right) dy$$

$$= \int_{\frac{1}{n}}^{1} \left[-\frac{1}{x+y} + \frac{y}{(x+y)^2} \right]_0^1 dy$$

$$= \int_{\frac{1}{n}}^{1} -\frac{1}{(y+1)^2} \, dy = \left[\frac{1}{y+1} \right]_{\frac{1}{n}}^{1} = \frac{1}{2} - \frac{1}{\frac{1}{n}+1}$$

よって，$\displaystyle \lim_{n\to\infty} \iint_{T_n} \frac{x-y}{(x+y)^3} \, dxdy = \lim_{n\to\infty} \left(\frac{1}{2} - \frac{1}{\frac{1}{n}+1} \right) = -\frac{1}{2}.$

ゆえに，単調近似列のとり方によって，それぞれの重積分の極限値が異なるので，広義積分 $\displaystyle \iint_D \frac{x-y}{(x+y)^3} \, dxdy$ は存在しない.

重積分を使うことで，1変数関数の定積分を簡単に求められることもある．次の定積分は，特に重要である.

> **例題 4.6**　定積分 $\displaystyle \int_0^\infty e^{-x^2} dx = \frac{\sqrt{\pi}}{2}$ を示しなさい.

解答　$\displaystyle I = \int_0^\infty e^{-x^2} dx$ とおく．このとき，重積分の性質 (演習問題 4.3) から次を得る.

$$I^2 = \int_0^\infty e^{-x^2} dx \times \int_0^\infty e^{-y^2} dy = \iint_D e^{-(x^2+y^2)} dxdy, \quad D = \{(x,y)\,; x \geqq 0,\ y \geqq 0\}$$

ここで，$\begin{cases} x = r\cos\theta \\ y = r\sin\theta \end{cases}$ $(r \geqq 0)$ とおく．このときヤコビアン $\dfrac{\partial(x,y)}{\partial(r,\theta)} = r$ より，次を得る.

$$I^2 = \iint_D e^{-(x^2+y^2)} dxdy = \iint_E re^{-r^2} drd\theta$$

ただし，D は xy-平面の第1象限全体を表していることから，$E = \left\{ (r,\theta)\,; r \geqq 0,\ 0 \leqq \theta \leqq \dfrac{\pi}{2} \right\}$ である．ここで，E の単調近似列 $\{S_n\}_{n=1}^\infty$ を次のように定義する.

$$S_n = \left\{ (r,\theta)\,; 0 \leqq r \leqq n,\ 0 \leqq \theta \leqq \frac{\pi}{2} \right\}$$

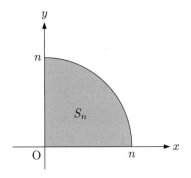

このとき,

$$\lim_{n\to\infty}\iint_{S_n} re^{-r^2}drd\theta = \lim_{n\to\infty}\int_0^{\frac{\pi}{2}}\left(\int_0^n re^{-r^2}dr\right)d\theta$$

$$= \lim_{n\to\infty}\int_0^{\frac{\pi}{2}}\left[-\frac{1}{2}e^{-r^2}\right]_0^n d\theta$$

$$= \lim_{n\to\infty}\int_0^{\frac{\pi}{2}}\left(\frac{1}{2}-\frac{1}{2}e^{-n^2}\right)d\theta$$

$$= \lim_{n\to\infty}\left[\frac{\theta}{2}-\frac{\theta}{2}e^{-n^2}\right]_0^{\frac{\pi}{2}} = \lim_{n\to\infty}\frac{\pi}{4}\left(1-e^{-n^2}\right) = \frac{\pi}{4}$$

また, $e^{-(x^2+y^2)}$ は領域 D で正なので広義積分は存在して, 次を得る.

$$I^2 = \iint_D e^{-(x^2+y^2)}dxdy = \frac{\pi}{4}$$

ゆえに, $\displaystyle\int_0^\infty e^{-x^2}dx = \frac{\sqrt{\pi}}{2}$.

Point! $\displaystyle\int e^{-x^2}dx$ は計算することができない.

演習問題

4.8 次の計算をしなさい.

(1) $\displaystyle\iint_D e^{-(x+y)}dxdy$, $\qquad D = \{(x,y)\,;x\geqq 0,\ 0\leqq y\leqq 1\}$

(2) $\displaystyle\iint_D \frac{x}{\sqrt{x^2+y^2}}\,dxdy$, $\qquad D = \{(x,y)\,;0\leqq y\leqq x,\ 0\leqq x^2+y^2\leqq 1\}$

4.5 ガンマ関数とベータ関数

広義積分の代表的な例として, ガンマ関数とベータ関数がよく知られている. 前者は自然数の階乗 ($n!$) を実数にまで拡張した関数と解釈することができる. 後者は重積分を使うことでガンマ関数と密接な関係にあることがわかる.

***

定理 4.6 (ガンマ関数とベータ関数)

$p,q>0$ に対して, 次の広義積分は存在する.

(1) $\displaystyle\Gamma(p) = \int_0^\infty e^{-x}x^{p-1}\,dx$ $\hfill$ (ガンマ関数)

(2) $\displaystyle B(p,q) = \int_0^1 x^{p-1}(1-x)^{q-1}\,dx$ $\hfill$ (ベータ関数)

***

例題 4.7 任意の $p>1$ に対して, $\Gamma(p) = (p-1)\Gamma(p-1)$ を示しなさい. 特に, n を自然数とすると $\Gamma(n) = (n-1)!$ である.

解答

$$\Gamma(p) = \int_0^\infty e^{-x} x^{p-1}\, dx$$

$$= \lim_{a \to \infty} \int_0^a e^{-x} x^{p-1}\, dx$$

$$= \lim_{a \to \infty} \left\{ [-e^{-x} x^{p-1}]_0^a + \int_0^a e^{-x}(p-1)x^{p-2}\, dx \right\}$$

$$= \lim_{a \to \infty} (-e^{-a} a^{p-1}) + \lim_{a \to \infty} (p-1) \int_0^a e^{-x} x^{p-2}\, dx$$

$$= (p-1) \int_0^\infty e^{-x} x^{p-2}\, dx = (p-1)\Gamma(p-1)$$

特に，$\Gamma(1) = \int_0^\infty e^{-x}\, dx = \lim_{a \to \infty} \int_0^a e^{-x}\, dx = \lim_{a \to \infty} [-e^{-x}]_0^a = \lim_{a \to \infty} (-e^{-a} + 1) = 1$ である．よって，自然数 n に対して

$$\Gamma(n) = (n-1)\Gamma(n-1)$$

$$= (n-1)(n-2)\Gamma(n-2)$$

$$= \cdots$$

$$= (n-1)(n-2) \cdots 1 \times \Gamma(1)$$

$$= (n-1)!$$

例題 4.8　任意の $p, q > 0$ に対して，$B(p,q) = 2 \int_0^{\frac{\pi}{2}} \sin^{2p-1}\theta \cos^{2q-1}\theta\, d\theta$ を示しなさい．

解答　$x = \sin^2\theta$ とおくと，$dx = 2\sin\theta\cos\theta\, d\theta$,

x	$0 \to 1$
θ	$0 \to \dfrac{\pi}{2}$

である．よって，

$$B(p,q) = \int_0^1 x^{p-1}(1-x)^{q-1}\, dx$$

$$= \int_0^{\frac{\pi}{2}} \sin^{2p-2}\theta(1-\sin^2\theta)^{q-1} \cdot 2\sin\theta\cos\theta\, d\theta$$

$$= 2 \int_0^{\frac{\pi}{2}} \sin^{2p-1}\theta \cos^{2q-1}\theta\, d\theta$$

例題 4.9　任意の $p, q > 0$ に対して，$B(p,q) = \dfrac{\Gamma(p)\Gamma(q)}{\Gamma(p+q)}$ を示しなさい．

解答　$\Gamma(p)\Gamma(q) = B(p,q)\Gamma(p+q)$ を示せばよい．$D = \{(x,y)\,;\, 0 \leqq x,\ 0 \leqq y\}$ とする．重積分の性質から

$$\Gamma(p)\Gamma(q) = \int_0^\infty e^{-x} x^{p-1}\, dx \times \int_0^\infty e^{-x} x^{q-1}\, dx$$

$$= \int_0^\infty e^{-x} x^{p-1}\, dx \times \int_0^\infty e^{-y} y^{q-1}\, dy$$

$$= \iint_D e^{-(x+y)} x^{p-1} y^{q-1}\, dxdy$$

ここで, $\begin{cases} x = r\sin^2\theta \\ y = r\cos^2\theta \end{cases}$ $(r \geqq 0)$ とおく. D は xy-平面の第 1 象限より, $0 \leqq r$, $0 \leqq \theta \leqq \dfrac{\pi}{2}$.

このときヤコビアンは次のようになる.

$$\frac{\partial(x,y)}{\partial(r,\theta)} = \begin{vmatrix} x_r & x_\theta \\ y_r & y_\theta \end{vmatrix} = \begin{vmatrix} \sin^2\theta & 2r\sin\theta\cos\theta \\ \cos^2\theta & -2r\sin\theta\cos\theta \end{vmatrix} = -2r\sin\theta\cos\theta$$

ゆえに, $E = \left\{ (r,\theta)\,;\, 0 \leqq r,\ 0 \leqq \theta \leqq \dfrac{\pi}{2} \right\}$ とすれば, 例題 4.8 の結果から

$$\Gamma(p)\Gamma(q) = \iint_D e^{-(x+y)} x^{p-1} y^{q-1}\, dxdy$$

$$= \iint_E e^{-r} r^{p-1} \sin^{2p-2}\theta\, r^{q-1} \cos^{2q-2}\theta\, |-2r\sin\theta\cos\theta|\, drd\theta$$

$$= 2\iint_E e^{-r} r^{p+q-1} \sin^{2p-1}\theta \cos^{2q-1}\theta\, drd\theta$$

$$= 2\int_0^{\frac{\pi}{2}} \sin^{2p-1}\theta \cos^{2q-1}\theta\, d\theta \times \int_0^\infty e^{-r} r^{p+q-1}\, dr$$

$$= B(p,q)\Gamma(p+q)$$

よって, $B(p,q) = \dfrac{\Gamma(p)\Gamma(q)}{\Gamma(p+q)}$ を得る.

例題 4.10 $\Gamma\left(\dfrac{1}{2}\right) = \sqrt{\pi}$ を示しなさい.

解答 例題 4.9 の結果から, $B\left(\dfrac{1}{2}, \dfrac{1}{2}\right) = \dfrac{\Gamma(\frac{1}{2})\Gamma(\frac{1}{2})}{\Gamma(\frac{1}{2}+\frac{1}{2})} = \Gamma\left(\dfrac{1}{2}\right)^2$ となる. よって,

$B\left(\dfrac{1}{2}, \dfrac{1}{2}\right)$ を求めればよい. 例題 4.8 の結果より

$$\Gamma\left(\frac{1}{2}\right)^2 = B\left(\frac{1}{2}, \frac{1}{2}\right) = 2\int_0^{\frac{\pi}{2}} d\theta = 2[\theta]_0^{\frac{\pi}{2}} = \pi$$

よって, ガンマ関数の定義から $\Gamma\left(\dfrac{1}{2}\right) > 0$ なので, $\Gamma\left(\dfrac{1}{2}\right) = \sqrt{\pi}$ である.

演習問題

4.9 次の計算をしなさい.

(1) $\dfrac{\Gamma(\frac{5}{2})}{\Gamma(0.5)}$ (2) $\Gamma\left(\dfrac{5}{2}\right)$ (3) $\displaystyle\int_0^\infty x^3 e^{-x^2}\, dx$ (4) $\displaystyle\int_1^\infty \dfrac{1}{x^2\sqrt{\log x}}\, dx$

4.6　体積

定理 2.18 では，1 変数関数の定積分を使って，曲線で囲まれた部分の面積を求めることができた．2 変数関数の重積分を使えば，曲面で囲まれた部分の体積を求められると考えるのは自然であろう．

定理 4.7 (空間の体積)

xyz-空間内の 2 つの曲面 $z = f(x,y)$ と $z = g(x,y)$ が xy-平面の領域 D において $f(x,y) \leqq g(x,y)$ であるとする．このとき，領域 D における $z = f(x,y)$ と $z = g(x,y)$ の間の体積 V は次の式で求められる．

$$V = \iint_D \{g(x,y) - f(x,y)\}\, dxdy$$

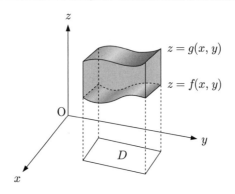

例題 4.11　次の体積を求めなさい．

(1)　領域 $D = \{(x,y)\,;\, x^2 + y^2 \leqq 1\}$ における，$z = x^2 + y^2$ と xy-平面の間の部分．

(2)　2 つの円柱 $x^2 + y^2 \leqq 1$ と $y^2 + z^2 \leqq 1$ が交わっている部分．

解答　(1) 領域 D において $z = x^2 + y^2 \geqq 0$ なので，求める体積は次の式で得られる．

$$\iint_D (x^2 + y^2)\, dxdy$$

$\begin{cases} x = r\cos\theta \\ y = r\sin\theta \end{cases}$ $(r \geqq 0)$ とおくと，領域 D から $0 \leqq \theta < 2\pi$，$0 \leqq r \leqq 1$ である．また，ヤコビアン $\dfrac{\partial(x,y)}{\partial(r,\theta)} = r$ より，求める体積は次のようになる．

$$\iint_D (x^2 + y^2)\, dxdy = \int_0^1 \int_0^{2\pi} r^3\, d\theta dr = 2\pi \left[\frac{1}{4} r^4\right]_0^1 = \frac{\pi}{2}$$

(2) 求める体積は，領域 $D = \{(x,y)\,;\, x^2 + y^2 \leqq 1\}$ において $z = \sqrt{1 - y^2}$ と $z = -\sqrt{1 - y^2}$ の間の部分の体積である．

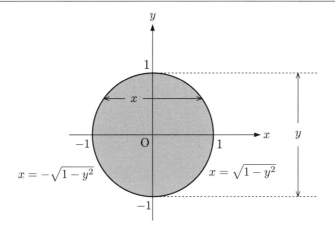

$D = \{(x,y)\,; -1 \leqq y \leqq 1,\ -\sqrt{1-y^2} \leqq x \leqq \sqrt{1-y^2}\}$ より,求める体積は次の通りである.

$$2\iint_D \sqrt{1-y^2}\,dxdy = 2\int_{-1}^{1}\left(\int_{-\sqrt{1-y^2}}^{\sqrt{1-y^2}} \sqrt{1-y^2}\,dx\right)dy$$

$$= 2\int_{-1}^{1}\left[x\sqrt{1-y^2}\right]_{-\sqrt{1-y^2}}^{\sqrt{1-y^2}}\,dy$$

$$= 2\int_{-1}^{1} 2(1-y^2)\,dy$$

$$= 4\left[y - \frac{1}{3}y^3\right]_{-1}^{1} = \frac{16}{3}$$

定理 4.7 より,領域 D における,定数関数 $z=1$ と xy-平面との間の部分の体積は,底面積が D の面積で,高さが 1 の立体の体積となる.したがって,その立体の体積は領域 D の面積と等しくなる.すなわち,次の系を得る.

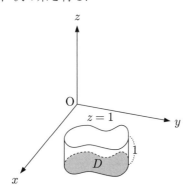

系 4.8 (平面の面積)

xy-平面上の領域 D の面積は次の式で求められる.

$$\iint_D dxdy$$

例題 4.12 (定理 2.20)　xy-平面上において，2 直線 $\theta = a$, $\theta = b$, $(a < b)$ と極座標表示された関数 $r = f(\theta)$ によって囲まれる部分の面積は次の式で与えられることを示しなさい．

$$\frac{1}{2} \int_a^b f(\theta)^2 \, d\theta$$

解答　求める部分の領域を D とすると，系 4.8 よりその面積は $\displaystyle\iint_D dxdy$ で与えられる．

ここで $\begin{cases} x = r\cos\theta \\ y = r\sin\theta \end{cases}$ $(r \geqq 0)$ とおくと，領域 D は仮定から $0 \leqq r \leqq f(\theta)$, $a \leqq \theta \leqq b$ となる．これを領域 E とする．また，ヤコビアン $\dfrac{\partial(x,y)}{\partial(r,\theta)} = r$ となることから，求める面積は次のようになる．

$$\iint_D dxdy = \iint_E r \, drd\theta = \int_a^b \int_0^{f(\theta)} r \, drd\theta$$
$$= \int_a^b \left[\frac{1}{2}r^2 \right]_0^{f(\theta)} d\theta = \frac{1}{2} \int_a^b f(\theta)^2 \, d\theta$$

演習問題

4.10　次の部分の体積を求めなさい．

(1)　領域 $D = \{(x,y)\,;\, x \geqq 0,\, y \geqq 0,\, x^2 + y^2 \leqq 1\}$ における，曲面 $z = xy$ と xy-平面の間の部分．

(2)　領域 $D = \{(x,y)\,;\, x^2 + y^2 \leqq 1\}$ における，平面 $x + z = 1$ と xy-平面の間の部分．

(3)　球 $x^2 + y^2 + z^2 \leqq 1$ と円柱 $x^2 + y^2 \leqq \dfrac{1}{4}$ の共通部分．

(4)　曲面 $z = x^2 + y^2$ と平面 $z = 1$ とで囲まれた部分．

(5)　曲面 $z = x^2 + y^2$ と平面 $z = 2x$ に囲まれた部分．

(6)　$x^{\frac{2}{3}} + y^{\frac{2}{3}} + z^{\frac{2}{3}} \leqq 1$ の体積．

(7)　$\left(\dfrac{x}{a}\right)^2 + \left(\dfrac{y}{b}\right)^2 + \left(\dfrac{z}{c}\right)^2 \leqq 1$ $(a > 0, b > 0, c > 0)$ の体積．

4.7　曲面積

定理 2.21 では，1 変数関数の定積分を使って曲線の長さを求めることができた．2 変数関数の重積分を使えば，曲面の面積を求められると考えるのは自然なことだろう．ここで紹介するいくつかの定理は，1 変数関数の曲線の長さを求めるための定理の拡張になっている．それらを確認しよう．最初の定理は，定理 2.21 の拡張である．

定理 4.9

xyz-空間内の曲面 $z = f(x,y)$ の xy-平面の領域 D における曲面積 S は次の式で求めら

れる.

$$S = \iint_D \sqrt{1 + f_x(x,y)^2 + f_y(x,y)^2}\, dxdy$$

例題 4.13 柱面 $x^2 + y^2 = 1$ の内部にある曲面 $z = xy$ の曲面積を求めなさい.

解答 $z_x = y,\ z_y = x$ である. $D = \{(x,y)\,;\, x^2 + y^2 \leqq 1\}$ とすると, 求める曲面積 S は次の式で求められる.

$$S = \iint_D \sqrt{1 + z_x{}^2 + z_y{}^2}\, dxdy = \iint_D \sqrt{1 + y^2 + x^2}\, dxdy$$

ここで, $\begin{cases} x = r\cos\theta \\ y = r\sin\theta \end{cases}$ $(r \geqq 0)$ とおくと, $x^2 + y^2 \leqq 1$ から $\begin{cases} 0 \leqq r \leqq 1 \\ 0 \leqq \theta < 2\pi \end{cases}$. また, ヤコビアンは $\dfrac{\partial(x,y)}{\partial(r,\theta)} = r$ より, $E = \{(r,\theta)\,;\, 0 \leqq r \leqq 1,\ 0 \leqq \theta < 2\pi\}$ とすれば求める面積は次のように求められる.

$$\begin{aligned} S &= \iint_D \sqrt{1 + y^2 + x^2}\, dxdy = \iint_E r\sqrt{1 + r^2}\, drd\theta \\ &= \int_0^1 \left(\int_0^{2\pi} r\sqrt{1 + r^2}\, d\theta \right) dr \\ &= \int_0^1 \left[r\sqrt{1 + r^2}\,\theta \right]_0^{2\pi} dr \\ &= \int_0^1 2\pi r\sqrt{1 + r^2}\, dr = 2\pi \left[\frac{1}{3}(1 + r^2)^{\frac{3}{2}} \right]_0^1 = \frac{4\sqrt{2}}{3}\pi - \frac{2}{3}\pi \end{aligned}$$

xyz-空間において, $x = r\cos\theta,\ y = r\sin\theta$ とおいたとき, 関数 $z = f(x,y)$ を $z = g(r,\theta)$ と表示することを**円柱座標表示**と呼ぶ.

定理 4.10

円柱座標表示で表現された曲面 $z = g(r,\theta)$ の $(r,\theta) \in D$ における曲面積 S は次の式で求められる.

$$S = \iint_D \sqrt{r^2 + r^2 z_r{}^2 + z_\theta{}^2}\, drd\theta$$

定理 4.10 は, 定理 4.9 において変数変換をすれば, 例題 3.13 の (1) よりすぐに得られる.

例題 4.14 単位球の表面積を求めなさい.

解答 単位球の方程式は $x^2 + y^2 + z^2 = 1$ である. 球の上半分 $z = \sqrt{1 - x^2 - y^2}$ の表面積を求めて 2 倍すればよい. これを円柱座標表示で表すと, $x = r\cos\theta,\ y = r\sin\theta$ より, 次

の式を得る.

$$z = \sqrt{1 - r^2}$$

ここで, $z_\theta = 0$, $z_r = -\dfrac{r}{\sqrt{1 - r^2}}$ である. また, 表面積を求める部分の領域は $D = \{(r,$ $\theta) \,; 0 \leqq r \leqq 1,\, 0 \leqq \theta < 2\pi\}$ より, 求める面積は次のようになる.

$$
\begin{aligned}
S &= 2 \iint_D \sqrt{r^2 + r^2 z_r{}^2 + z_\theta{}^2}\, drd\theta \\
&= 2 \int_0^{2\pi} \left(\int_0^1 \frac{r}{\sqrt{1 - r^2}}\, dr \right) d\theta \\
&= 2 \int_0^{2\pi} \left[-\sqrt{1 - r^2} \right]_0^1 d\theta = 2 \int_0^{2\pi} d\theta = 4\pi
\end{aligned}
$$

　最後に紹介する定理は, 定理 2.22 の拡張であることに注意しよう.

定理 4.11 (曲面積)

　xyz-空間内の曲面 C が

$$
\begin{cases}
x = x(u, v) \\
y = y(u, v) \\
z = z(u, v)
\end{cases}
$$

と表されているとき, uv-平面の領域 D における C の曲面積 S は次の式で求められる.

$$S = \iint_D \sqrt{\left(\frac{\partial(x, y)}{\partial(u, v)} \right)^2 + \left(\frac{\partial(y, z)}{\partial(u, v)} \right)^2 + \left(\frac{\partial(z, x)}{\partial(u, v)} \right)^2}\, dudv$$

演習問題

4.11　次の部分の表面積を求めなさい.

(1)　曲面 $z = x^2 + y^2$ の $z \leqq 1$ の部分.

(2)　平面 $x + y + z = 1$ の $x, y, z \geqq 0$ の部分.

(3)　柱面 $x^2 + z^2 = 1$ の領域 $D = \{(x, y) \,; x^2 + y^2 \leqq 1\}$ の部分.

(4)　球面 $x^2 + y^2 + z^2 = 1$ の領域 $D = \{(x, y) \,; x^2 + y^2 \leqq x\}$ の部分.

演習問題解答

第1章

1.1 (1) $(x+2)(x^2+x+3)$　　(2) $(x+2)(x+3)(x-5)$　　(3) $(x^2-x+1)(x^2+x+1)$

1.2 (1) $x+2-\dfrac{3}{x+1}$　　(2) $x^2+x-1-\dfrac{5x-3}{x^2+x+1}$　　(3) $\dfrac{3}{2}x^2-\dfrac{1}{2}x+\dfrac{7}{4}+\dfrac{2x-1}{8x^2-4}$

1.3 (1) $\dfrac{1}{x-1}-\dfrac{1}{x}$　　(2) $\dfrac{4}{3(x+1)}+\dfrac{5}{3(x-2)}$　　(3) $\dfrac{1}{12(x+1)}-\dfrac{7}{3(x-2)}+\dfrac{9}{4(x-3)}$

1.4 (1) $\cos x=-\dfrac{12}{13}, \tan x=-\dfrac{5}{12}$　　(2) $\sin x=\dfrac{2}{\sqrt{5}}, \cos x=\dfrac{1}{\sqrt{5}}$

1.5 (1) $\dfrac{\sqrt{2}+\sqrt{6}}{4}$　　(2) $\dfrac{\sqrt{2}+\sqrt{6}}{4}$　　(3) $\dfrac{\sqrt{2}-\sqrt{6}}{4}$　　(4) $\dfrac{\sqrt{2-\sqrt{2}}}{2}$　　(5) $\dfrac{\sqrt{2-\sqrt{2}}}{2}$
(6) $\dfrac{-1+\sqrt{5}}{4}$

1.6

x	$\dfrac{13}{12}\pi$	$\dfrac{7}{6}\pi$	$\dfrac{5}{4}\pi$	$\dfrac{4}{3}\pi$	$\dfrac{17}{12}\pi$	$\dfrac{3}{2}\pi$
$\sin x$	$-\dfrac{\sqrt{6}-\sqrt{2}}{4}$	$-\dfrac{1}{2}$	$-\dfrac{\sqrt{2}}{2}$	$-\dfrac{\sqrt{3}}{2}$	$-\dfrac{\sqrt{6}+\sqrt{2}}{4}$	-1
$\cos x$	$-\dfrac{\sqrt{6}+\sqrt{2}}{4}$	$-\dfrac{\sqrt{3}}{2}$	$-\dfrac{\sqrt{2}}{2}$	$-\dfrac{1}{2}$	$-\dfrac{\sqrt{6}-\sqrt{2}}{4}$	0
$\tan x$	$2-\sqrt{3}$	$\dfrac{1}{\sqrt{3}}$	1	$\sqrt{3}$	$2+\sqrt{3}$	

x	$\dfrac{19}{12}\pi$	$\dfrac{5}{3}\pi$	$\dfrac{7}{4}\pi$	$\dfrac{11}{6}\pi$	$\dfrac{23}{12}\pi$	2π
$\sin x$	$-\dfrac{\sqrt{6}+\sqrt{2}}{4}$	$-\dfrac{\sqrt{3}}{2}$	$-\dfrac{\sqrt{2}}{2}$	$-\dfrac{1}{2}$	$-\dfrac{\sqrt{6}-\sqrt{2}}{4}$	0
$\cos x$	$\dfrac{\sqrt{6}-\sqrt{2}}{4}$	$\dfrac{1}{2}$	$\dfrac{\sqrt{2}}{2}$	$\dfrac{\sqrt{3}}{2}$	$\dfrac{\sqrt{6}+\sqrt{2}}{4}$	1
$\tan x$	$-2-\sqrt{3}$	$-\sqrt{3}$	-1	$-\dfrac{1}{\sqrt{3}}$	$-2+\sqrt{3}$	0

1.7 (1) 243　　(2) 9　　(3) 2　　(4) 32　　(5) $\dfrac{1}{5}$　　(6) 4　　(7) $\dfrac{1}{9}$　　(8) 192　　(9) 245
(10) 1　　(11) 96　　(12) 88

1.8 (1) $x = -1, -4$　(2) $x = \dfrac{-1 \pm \sqrt{5}}{2}$　(3) $x = \dfrac{1}{2}$　(4) $x = 2$　(5) $x = 1$
(6) $x = 2$

1.9 (1) $\log_2 3 + \log_2 5$　(2) $1 + \log_2 3$　(3) $\log_2 3 - \log_2 5$　(4) -1　(5) $\log_2 3 + \log_2 5 - 2$
(6) $\dfrac{\log_2 5}{\log_2 3}$　(7) $\dfrac{1}{\log_2 3 + \log_2 5}$　(8) $\dfrac{1}{3}(1 + \log_2 5)$　(9) $2 - \dfrac{2}{\log_2 5}$　(10) $\dfrac{\log_2 3}{2 \log_2 5}$
(11) $\dfrac{1}{5}(\log_2 3 + \log_2 5)$　(12) 3

1.10 (1) $x = -1$　(2) $x = 0, 1$　(3) $x = \dfrac{1}{8}, 4$　(4) $x = \dfrac{1}{2}, 2$

1.11 (1) -2　(2) 13　(3) 0　(4) $-\dfrac{3}{2}$　(5) 0　(6) 2　(7) $\dfrac{1}{2}$　(8) 0　(9) 2
(10) $+\infty$　(11) $-\infty$　(12) $\dfrac{1}{2}$　(13) 0　(14) 2　(15) 2　(16) e^3　(17) e^2
(18) e^{12}　(19) 4　(20) 3　(21) 1　(22) 1　(23) 1　(24) 0

1.12 (1) 0　(2) $\dfrac{1}{4}$　(3) 7　(4) e^2　(5) e^6　(6) e^2　(7) $\dfrac{1}{4}$　(8) 2　(9) 1
(10) $\dfrac{5}{3}$　(11) 2　(12) 1　(13) 1　(14) $\log 3 - \log 2$　(15) 2　(16) $\dfrac{1}{2}$　(17) $\dfrac{5}{2}$
(18) $-\dfrac{5}{2}$　(19) $\dfrac{1}{2}$　(20) 0　(21) 1　(22) $\dfrac{1}{4}$　(23) 2　(24) 2

1.13 (1) 4　(2) 0　(3) $-\infty$　(4) $-\infty$　(5) $-\infty$　(6) 1　(7) 0　(8) -1
(9) $+\infty$　(10) 1　(11) 2　(12) 0

1.14 (1) 連続　(2) 連続　(3) 連続ではない　(4) 連続ではない　(5) 連続
(6) 連続　(7) 連続ではない　(8) 連続ではない

1.15 省略

1.16 (1) $4x^3$　(2) $6x^2 + 2x$　(3) $\dfrac{1}{x^2}$　(4) $4x - 1 - \dfrac{4}{x^3}$　(5) $(1 + x)e^x$
(6) $e^x \left(\tan x + 1 + \dfrac{1}{\cos^2 x} \right)$　(7) $-\dfrac{\cos x}{\sin^2 x}$　(8) $\cos^2 x - \sin^2 x$　(9) $-\dfrac{2x}{(x^2 + 1)^2}$
(10) $\dfrac{1}{(x + 1)^2}$　(11) $\dfrac{x - 1}{x^2} e^x$　(12) $(x^2 + 4x + 5)e^x$　(13) $-\dfrac{2x + 3}{(x^2 + 3x + 2)^2}$
(14) $-e^{-x}$　(15) $\dfrac{1}{x \log a}$　(16) $\dfrac{1}{(1 - x)^2}$

1.17 (1) $6(2x + 1)^2$　(2) $8x(x^2 + 1)^3$　(3) $3\left(1 + \dfrac{1}{x^2}\right)\left(x - \dfrac{1}{x}\right)^2$　(4) $\dfrac{3}{\cos^2 3x}$
(5) $-(4x + 1)\sin(2x^2 + x)$　(6) $-\sin x \cos(\cos x)$　(7) $-2xe^{-x^2}$　(8) $\left(4x + \dfrac{1}{x^2}\right)e^{2x^2 - \frac{1}{x}}$
(9) $\cos x\, e^{\sin x}$　(10) $e^{x + e^x}$　(11) $\dfrac{3x}{\sqrt{3x^2 + 1}}$　(12) $\dfrac{4x + 3}{3(2x^2 + 3x)^{\frac{2}{3}}}$　(13) $\dfrac{16x\sqrt{x} + 1}{4\sqrt{x}\sqrt{4x^2 + \sqrt{x}}}$
(14) $\dfrac{\cos x}{2\sqrt{\sin x + 1}}$　(15) $\dfrac{\cos\sqrt{x}}{2\sqrt{x}}$　(16) $\dfrac{2x}{x^2 + 1}$　(17) 1　(18) $\dfrac{4}{\cos^2 4x}$　(19) $x2^{x^2 + 1}\log 2$
(20) $2^x 3^{2^x} \log 2 \cdot \log 3$　(21) $\dfrac{2\sin x}{(x + 1)^3}\{(x + 1)\cos x - \sin x\}$　(22) $\dfrac{1}{\sqrt{x^2 + 1}}$

(23) $\dfrac{x}{(1+x^2)^{\frac{3}{2}}}$　　(24) $2\sin x\cos x + 2\cos 2x$　　(25) $\dfrac{1}{\cos^2 x}e^{\tan x}$　　(26) $\dfrac{e^x}{e^x+1}$

(27) $-\dfrac{2}{\sqrt{x^2+1}}$　　(28) $-\dfrac{4}{(e^x-e^{-x})^2}$　　(29) $\cos\left(x+\dfrac{n}{2}\pi\right)$　　(30) $-\dfrac{6e^{3x}}{(1+e^{3x})^2}$

1.18 (1) $\dfrac{(x+1)^2(x-1)}{\sqrt{x+3}(x-2)^3}\left\{\dfrac{2}{x+1}+\dfrac{1}{x-1}-\dfrac{1}{2(x+3)}-\dfrac{3}{x-2}\right\}$

(2) $\dfrac{(x^2+1)^2\sqrt{x-1}}{(2x-1)^3(x^3+1)^{\frac{3}{2}}}\left\{\dfrac{4x}{x^2+1}+\dfrac{1}{2(x-1)}-\dfrac{6}{2x-1}-\dfrac{9x^2}{2(x^3+1)}\right\}$

(3) $\dfrac{(x-1)^2\sqrt{x^2+1}}{(2x^2+3)^3\sqrt[3]{x+1}}\left\{\dfrac{2}{x-1}+\dfrac{x}{x^2+1}-\dfrac{12x}{2x^2+3}-\dfrac{1}{3(x+1)}\right\}$

(4) $-\left(\dfrac{1}{x}\right)^x(\log x+1)$　　(5) $(\sin x)^x\left\{\log(\sin x)+x\dfrac{\cos x}{\sin x}\right\}$　　(6) $x^{\frac{1}{x}-2}(1-\log x)$

1.19 (1) $-\tan\theta$　　(2) $-\dfrac{2\cos\theta}{3\sin\theta}$　　(3) $-\dfrac{3}{4\sin\theta}$　　(4) $\dfrac{2^t+2^{-t}}{2^t-2^{-t}}$　　(5) $\dfrac{t^2-1}{2t}$

(6) $\dfrac{e^t+e^{-t}}{e^t-e^{-t}}$

1.20 (1) $y=-x+1$　　(2) $y=\dfrac{1}{x}\ (x>0)$　　(3) $y=-1-\sqrt{x+2}$　　(4) $y=\log_2 x$

(5) 逆関数をもたない.　　(6) $y=x^2\ (x\geqq 0)$　　(7) $y=\log_2\dfrac{x+\sqrt{x^2-4}}{2}$

(8) $y=\sqrt{x^2-1}\ (x\geqq 1)$

1.21 (1) $\dfrac{3}{\sqrt{10}}$　　(2) $2\sqrt{2}$　　(3) $\dfrac{3}{5}$　　(4) $\dfrac{3}{5}$　　(5) $\dfrac{1}{3}$　　(6) $\dfrac{1}{\sqrt{5}}$　　(7) $\dfrac{24}{25}$　　(8) 0

(9) $-\dfrac{9}{2}$　　(10) $-\dfrac{56}{33}$　　(11) $\dfrac{\pi}{2}$　　(12) $\dfrac{3}{4}\pi$　　(13) $-\dfrac{\pi}{2}$　　(14) $\dfrac{2}{3}\pi$

1.22 (1) $-\dfrac{1}{\sqrt{4-x^2}}$　　(2) $\dfrac{e^x}{1+e^{2x}}$　　(3) $-\dfrac{1}{x^2\sqrt{1-x^2}}$　　(4) $\dfrac{e^{\sin^{-1}x}}{\sqrt{1-x^2}}$

(5) $(\sin^{-1}x)^x\left\{\log(\sin^{-1}x)+\dfrac{x}{(\sin^{-1}x)\sqrt{1-x^2}}\right\}$　　(6) $-\dfrac{\sin x}{|\sin x|}$　　(7) $-\dfrac{\cos x}{|\cos x|}$

(8) $\dfrac{\cos x}{|\cos x|}$　　(9) $\dfrac{\sin x}{|\sin x|}$　　(10) $(\tan^{-1}x)^x\left\{\log(\tan^{-1}x)+\dfrac{x}{(1+x^2)\tan^{-1}x}\right\}$

(11) $-\dfrac{1}{2\sqrt{x}\sqrt{1-x}}$　　(12) $\dfrac{1}{2x\sqrt{x-1}}$

1.23 省略

1.24 省略

1.25 (1) $12x^2$　　(2) 0　　(3) $12x+2$　　(4) $-\dfrac{6}{x^4}$　　(5) $\dfrac{1}{x}$　　(6) $e^{\sin x}(\cos^2 x-\sin x)$

(7) 0　　(8) $n!\,x$　　(9) $\dfrac{3}{8x^2\sqrt{x}}$　　(10) $\dfrac{1}{128}e^{\frac{x}{2}}$　　(11) $\dfrac{10!}{(x-1)^{11}}$

(12) $\dfrac{120}{(x-1)^6}-\dfrac{120}{(x-2)^6}$

1.26 (1) $\cos\left(x+\dfrac{n}{2}\pi\right)$　　(2) $(-1)^{n-1}\dfrac{(n-1)!}{(x-1)^n}$　　(3) $(-1)^n e^{-x}$

(4) $(-1)^{n-1}\dfrac{(2n-3)!}{2^{2n-2}(n-2)!}x^{-\frac{2n-1}{2}}$ $(n \geqq 2)$ (5) $2^{\frac{n}{2}}e^x \cos\left(x+\dfrac{n}{4}\pi\right)$

(6) $(-1)^n\dfrac{n!}{(x+2)^{n+1}}$

(7) $x^2\sin\left(x+\dfrac{n}{2}\pi\right)+2nx\sin\left(x+\dfrac{n-1}{2}\pi\right)+n(n-1)\sin\left(x+\dfrac{n-2}{2}\pi\right)$ $(n \geqq 2)$

(8) $(-1)^{n-4}\dfrac{6(n-4)!}{x^{n-3}}$ $(n \geqq 4)$ (9) $(-2)^{n-1}(-2x+n)e^{-2x}$ $(n \geqq 2)$

(10) $(-1)^n n!\left\{\dfrac{1}{(x-1)^{n+1}}-\dfrac{1}{x^{n+1}}\right\}$ (11) $\cos\left(x+\dfrac{n}{2}\pi\right)$

(12) $(-1)^n\dfrac{n!}{(x-1)^{n+1}}$, $(n \geqq 2)$

1.27 (1) $f^{(n)}(0)=\begin{cases} 0 & (n\ \text{は奇数}) \\ -n! & (n\ \text{は偶数}) \end{cases}$ (2) $f^{(n)}(0)=\begin{cases} 0 & (n\ \text{は奇数}) \\ (-1)^{\frac{n-2}{2}}2(n-1)! & (n\ \text{は偶数}) \end{cases}$

1.28 (1) 接線: $y=\dfrac{\sqrt{3}}{2}x-\dfrac{\sqrt{3}}{12}\pi+\dfrac{1}{2}$ 法線: $y=-\dfrac{2}{\sqrt{3}}x+\dfrac{\pi}{3\sqrt{3}}+\dfrac{1}{2}$

(2) 接線: $y=x-1$ 法線: $y=-x+1$

(3) 接線: $y=-\dfrac{16}{25}x+\dfrac{28}{25}$ 法線: $y=\dfrac{25}{16}x+\dfrac{3}{160}$

(4) 接線: $y=2x-\dfrac{\pi}{2}+1$ 法線: $y=-\dfrac{1}{2}x+\dfrac{\pi}{8}+1$

(5) 接線: $y=\dfrac{3}{2}x-\dfrac{1}{2}$ 法線: $y=-\dfrac{2}{3}x+\dfrac{5}{3}$

(6) 接線: $y=-\dfrac{4}{\pi^2}x+\dfrac{4}{\pi}$ 法線: $y=\dfrac{\pi^2}{4}x-\dfrac{\pi^3}{8}+\dfrac{2}{\pi}$

1.29 (1) 1   (2) 1   (3) 0   (4) 1   (5) $e^{-\frac{1}{2}}$ (6) $\dfrac{9}{4}$ (7) $\sqrt{6}$ (8) 0   (9) 1

1.30 (1) $x=\dfrac{1}{2}$ のとき極大で, 極大値は $\dfrac{1}{2}$.

(2) $x=0$ のとき極大で, 極大値は $\dfrac{1}{2}$.

(3) 極値をもたない.

(4) $x=1$ のとき極小で, 極小値は 5. $x=-1$ のとき極大で, 極大値は 1.

(5) $x=e$ のとき極大で, 極大値は $\dfrac{1}{e}$.

(6) $x=\dfrac{1}{\sqrt{5}}$ のとき極小で, 極小値は $-\dfrac{8}{5^{\frac{5}{4}}}$.

(7) $x=-1$ のとき極小で, 極小値は $-\dfrac{1}{2}$. $x=1$ のとき極大で, 極大値は $\dfrac{1}{2}$.

(8) $x=1$ のとき極小で, 極小値は -1.

(9) 極値をもたない.

(10) $x=0$ のとき極大で, 極大値は 1.

(11) $x=\dfrac{1}{2}$ のとき極小で, 極小値は $-\sqrt{2}$.

(12) $x=\pm 1$ のとき極小で, 極小値は 3.

(13) $x = \dfrac{1}{e}$ のとき極小で，極小値は $e^{\frac{-1}{e}}$.

(14) $x = \dfrac{1}{\sqrt{3}}$ のとき極小で，極小値は $\dfrac{4}{3^{\frac{3}{4}}}$.

(15) $x = -3$ のとき極大で，極大値は 29. $x = 1$ のとき極小で，極小値は -3.

(16) $x = 1$ のとき極大で，極大値は 5. $x = 2$ のとき極小で，極小値は 4.

(17) $x = -3, 3$ のとき極小で，極小値は -78. $x = 0$ のとき極大で，極大値は 3.

1.31

(1)

x		3	
y'	$-$	0	$+$
y''	$+$		$+$
y	↘	-10	↗

(2)

x		2	
y'	$+$	0	$-$
y''	$-$		$-$
y	↗	7	↘

(3)

x		0	
y'	$+$	0	$+$
y''	$-$	0	$+$
y	↗	0	↗

(4)

x		0		2		4	
y'	$+$	0	$-$		$-$	0	$+$
y''	$-$		$-$	0	$+$		$+$
y	↗	5	↘	-11	↘	-27	↗

(5)

x		0		1		2	
y'	$-$	0	$+$		$+$	0	$-$
y''	$+$		$+$	0	$-$		$-$
y	↘	1	↗	3	↗	5	↘

(6)

x		-1		$-\dfrac{2}{3}$		$-\dfrac{1}{3}$	
y'	$+$	0	$-$		$-$	0	$+$
y''	$-$		$-$	0	$+$		$+$
y	↗	3	↘	$\dfrac{79}{27}$	↘	$\dfrac{77}{27}$	↗

(7)

x		$-\dfrac{3}{2}$		-1		0	
y'	$-$	0	$+$		$+$	0	$+$
y''	$+$		$+$	0	$-$	0	$+$
y	↘	$-\dfrac{11}{16}$	↗	0	↗	1	↗

(8)

x		$-\dfrac{\sqrt{6}}{2}$		$-\dfrac{\sqrt{2}}{2}$		0		$\dfrac{\sqrt{2}}{2}$		$\dfrac{\sqrt{6}}{2}$	
y'	$+$	0	$-$		$-$	0	$+$		$+$	0	$-$
y''	$-$		$-$	0	$+$		$+$	0	$-$		$-$
y	↗	$\dfrac{13}{4}$	↘	$\dfrac{9}{4}$	↘	1	↗	$\dfrac{9}{4}$	↗	$\dfrac{13}{4}$	↘

(9)

x		-3		$-\sqrt{\dfrac{7}{3}}$		1		$\sqrt{\dfrac{7}{3}}$		2	
y'	$-$	0	$+$		$+$	0	$-$		$-$	0	$+$
y''	$+$		$+$	0	$-$		$-$	0	$+$		$+$
y	↘	-120	↗	$-\dfrac{272}{9}-8\sqrt{21}$	↗	8	↘	$-\dfrac{272}{9}+8\sqrt{21}$	↘	5	↗

(10)

x	-1		$-\dfrac{2}{3}$		0		1
y'	╱	$+$	0	$-$	╱	$+$	
y''	╱	$-$		$-$	╱	$-$	
y	0	↗	$\dfrac{\sqrt[3]{4}}{3}$	↘	0	↗	$\sqrt[3]{2}$

(11)

x		-1		1		2	
y'	$-$	╱	$+$	0	$-$		$-$
y''	$-$	╱	$-$		$-$	0	$+$
y	↘	╱	↗	$\dfrac{1}{4}$	↘	$\dfrac{2}{9}$	↘

1.32 (1) $1+\dfrac{1}{2}x^2$ (2) $81+108x+54x^2+12x^3$ (3) $1+\dfrac{1}{2}x+\dfrac{3}{8}x^2+\dfrac{5}{16}x^3$ (4) $x-\dfrac{1}{3}x^3$

(5) $1-2x+x^2$ (6) $1+(\log 2)x+\dfrac{(\log 2)^2}{2}x^2+\dfrac{(\log 2)^3}{6}x^3$ (7) $1+x-\dfrac{1}{3}x^3$

(8) $(\log 2)+\dfrac{1}{2}x+\dfrac{1}{8}x^2$ (9) $1+x+x^2+\dfrac{5}{6}x^3$ (10) $e-\dfrac{e}{2}x^2$ (11) 0 (12) $x+\dfrac{1}{3}x^3$

1.33 (1) 1.105, 誤差は 1.25×10^{-5} 以下 (2) 0.1, 誤差は 4.17×10^{-6} 以下

1.34 (1) $\displaystyle\sum_{k=0}^{n-2}\dfrac{(-1)^k}{(2k+1)!}x^{2k+3}$ (2) $\displaystyle\sum_{k=0}^{n}\dfrac{2^k}{k!}x^k$ (3) $\displaystyle\sum_{k=0}^{n-1}x^{2k+1}$ (4) $\displaystyle\sum_{k=0}^{n}\dfrac{(-1)^k}{2k+1}x^{2k+1}$

(5) $\displaystyle\sum_{k=0}^{n}\dfrac{(\log 3)^k}{k!}x^k$

1.35 (1) $-\dfrac{3}{2}$ (2) $\dfrac{7}{24}$ (3) $+\infty$ (4) $\dfrac{1}{6}$ (5) $\dfrac{(\log 2)^2}{2}$ (6) $\log 2$

1.36 省略

第 2 章 C を積分定数とする.

2.1 (1) $\dfrac{1}{5}x^5+C$ (2) $-\dfrac{1}{x}+C$ (3) $\dfrac{2}{3}x^{\frac{3}{2}}+C$ (4) $\dfrac{1}{4}x^4+x^3+\dfrac{3}{2}x^2+x+C$

(5) $\dfrac{1}{3}\tan^{-1}\dfrac{x}{3}+C$ (6) $\log|\sin x|+C$ (7) $\dfrac{1}{2}\log(x^2+2x+3)+C$ (8) $2x^{\frac{3}{2}}+24x^{-\frac{1}{6}}+C$

(9) $\dfrac{1}{6}x^6-\dfrac{3}{2}x^4+6x^2-8\log|x|+C$ (10) $\dfrac{4}{3}x^{\frac{3}{2}}+\dfrac{3}{x}+C$ (11) $\sqrt{x}-\log|x|-\dfrac{1}{\sqrt{x}}+C$

(12) $\dfrac{2}{5}x^{\frac{5}{2}}+C$ (13) $\dfrac{3}{5}x^{\frac{5}{3}}+C$　(14) $2\log|x|-\dfrac{1}{x}+C$　(15) $2x^{\frac{3}{2}}-8\sqrt{x}+C$

(16) $\dfrac{1}{2}x^2-2x^{\frac{3}{2}}+3x-2x^{\frac{1}{2}}+C$ (17) $-3\cos x-4\sin x+C$　(18) $\tan x-\sin x+C$

(19) $e^x-\dfrac{2^x}{\log 2}+C$　(20) $\dfrac{2}{3}x^{\frac{3}{2}}-\dfrac{24}{19}x^{\frac{19}{12}}+\dfrac{3}{5}x^{\frac{5}{3}}+C$

2.2 (1) $\sin x-x\cos x+C$　(2) $-(x+1)e^{-x}+C$　(3) $\dfrac{1}{2}(x+3)\sin 2x+\dfrac{1}{4}\cos 2x+C$

(4) $\dfrac{1}{4}x^2(2\log x-1)+C$　(5) $(x+1)\log(x+1)-x+C$　(6) $(x-2)e^x+C$

(7) $\dfrac{2}{9}x^{\frac{3}{2}}(3\log x-2)+C$　(8) $(2x-1)\cos x-2\sin x+C$　(9) $\dfrac{a^x}{(\log a)^2}(x\log a-1)+C$

(10) $\dfrac{e^x}{2}(\sin x+\cos x)+C$　(11) $-\dfrac{\cos x}{3}(\sin^2 x+2)+C$

(12) $\dfrac{x^2+1}{2}\log(x^2+1)-\dfrac{1}{2}x^2+C$　(13) $-\dfrac{1}{5}\sin^4 x\cos x-\dfrac{4}{15}\sin^2 x\cos x-\dfrac{8}{15}\cos x+C$

(14) $(x-1)e^{x+1}+C$　(15) $\dfrac{x^2-4}{2}\log(x+2)-\dfrac{1}{4}x^2+x+C$

(16) $(e^x+1)\log(e^x+1)-e^x+C$　(17) $\sin(x-1)-x\cos(x-1)+C$

(18) $\dfrac{x^6}{36}(6\log x-1)+C$　(19) $\dfrac{\sin x}{3}(\cos^2 x+2)+C$

(20) $-x^3\cos x+3x^2\sin x+6x\cos x-6\sin x+C$

2.3 (1) $\log|\log x|+C$　(2) $\tan^{-1}(x+1)+C$　(3) $\log(x^2-2x+5)+\tan^{-1}\dfrac{x-1}{2}+C$

(4) $\dfrac{1}{2}\sin 2x+C$　(5) $\dfrac{1}{2}x-\dfrac{1}{4}\sin 2x+C$　(6) $\dfrac{1}{2}x+\dfrac{1}{4}\sin 2x+C$　(7) $\dfrac{1}{3}e^{3x}+C$

(8) $e^{\sin x}+C$　(9) $\dfrac{1}{3}\sin^{-1}\dfrac{3}{2}x+C$ (10) $\dfrac{1}{4}\left\{\log(1+x^2)\right\}^2+C$

(11) $-\dfrac{1}{3}(1-x^2)^{\frac{3}{2}}+C$　(12) $\dfrac{x(x-6)}{x-3}+6\log|x-3|+C$ (13) $\log(1+e^x)+C$

(14) $\dfrac{1}{15}(3x+2)^5+C$　(15) $-\dfrac{2}{3}(2-x)^{\frac{3}{2}}+C$　(16) $\dfrac{1}{4}\log|4x+1|+C$

(17) $-\dfrac{1}{10(5x+2)^2}+C$　(18) $\dfrac{1}{4}e^{4x+1}+C$　(19) $\dfrac{1}{2}\cos\left(\dfrac{\pi}{3}-2x\right)+C$

(20) $\dfrac{1}{15}(3x+1)(2x-1)^{\frac{3}{2}}+C$　(21) $\dfrac{2}{15}(3x-2)(x+1)^{\frac{3}{2}}+C$

(22) $\dfrac{1}{9}(3x+1)+\dfrac{1}{9}\log|3x-1|+C$　(23) $\dfrac{2}{15}(3x^2+4x+8)\sqrt{x-1}+C$

(24) $\dfrac{2}{3}(x^2+1)^{\frac{3}{2}}+C$　(25) $\dfrac{2}{9}(x^3-1)^{\frac{3}{2}}+C$　(26) $\dfrac{1}{4}\sin^4 x+C$

(27) $\dfrac{3}{10}(2x-3)^{\frac{5}{3}}+C$　(28) $\dfrac{1}{3}\tan 3x+C$　(29) $\dfrac{1}{80}(8x-3)(2x+3)^4+C$

(30) $\dfrac{1}{3}(2x-5)\sqrt{2x+1}+C$　(31) $-\dfrac{1}{3}\sqrt{4-3x^2}+C$　(32) $\dfrac{1}{9}e^{3x^3}+C$

2.4 (1) $\dfrac{1}{\cos x}+C$　(2) $\tan^{-1}x^2+C$　(3) $2\sqrt{e^x-1}-2\tan^{-1}\sqrt{e^x-1}+C$

(4) $\dfrac{1}{2}\sin^{-1}x+\dfrac{1}{2}x\sqrt{1-x^2}+C$　(5) $\dfrac{1}{3}\sin^3 x+C$　(6) $-\dfrac{2}{3}\cos^{\frac{3}{2}}x+C$

2.5 (1) $-\dfrac{1}{12(x+1)} + \dfrac{1}{21(x-2)} + \dfrac{1}{28(x+5)}$　　(2) $-\dfrac{1}{x} - \dfrac{1}{x-1} + \dfrac{2}{x-2}$

(3) $\dfrac{1}{x-1} - \dfrac{x-1}{x^2+1}$　　(4) $\dfrac{1}{x} - \dfrac{x-2}{x^2+1}$　　(5) $\dfrac{1}{2(x+1)} - \dfrac{x-1}{2(x^2+1)}$　　(6) $\dfrac{1}{x} - \dfrac{x-1}{x^2+1}$

(7) $-\dfrac{1}{x+2} + \dfrac{x}{x^2+1}$　　(8) $-\dfrac{2}{x+1} + \dfrac{2x+3}{x^2+1}$　　(9) $\dfrac{1}{x} - \dfrac{1}{x+1} - \dfrac{1}{(x+1)^2}$

(10) $\dfrac{1}{x-1} - \dfrac{1}{x-2} + \dfrac{2}{(x-2)^2}$　　(11) $-\dfrac{1}{x+2} + \dfrac{1}{x-1} - \dfrac{2}{(x-1)^2}$

(12) $-\dfrac{1}{2(x-1)} + \dfrac{3}{4(x-1)^2} + \dfrac{1}{2(x+1)} + \dfrac{1}{4(x+1)^2}$

(13) $\dfrac{1}{4(x-1)} - \dfrac{1}{4(x+1)} + \dfrac{1}{2(x^2+1)}$　　(14) $\dfrac{1}{4(x-1)} - \dfrac{1}{4(x+1)} - \dfrac{1}{2(x^2+1)}$

(15) $\dfrac{1}{3(x-1)} - \dfrac{x+2}{3(x^2+x+1)}$　　(16) $\dfrac{1}{x} + \dfrac{2}{x+1} - \dfrac{4}{x^2+2x+5}$

(17) $\dfrac{1}{x^2+1} - \dfrac{1}{(x^2+1)^2}$　　(18) $-\dfrac{2}{x+1} + \dfrac{1}{(x+1)^2} + \dfrac{2x-3}{x^2-x+1}$

(19) $\dfrac{1}{2(x^2+1)} - \dfrac{1}{2(x^2+3)}$　　(20) $\dfrac{1}{3(x+1)} - \dfrac{x-2}{3(x^2-x+1)}$

(21) $\dfrac{1}{3(x+1)} + \dfrac{2x-1}{3(x^2-x+1)}$　　(22) $-\dfrac{1}{2x} + \dfrac{1}{x-1} - \dfrac{1}{2(x+2)}$

(23) $\dfrac{x+1}{x^2+1} + \dfrac{x}{(x^2+1)^2}$　　(24) $\dfrac{1}{25x} + \dfrac{1}{5x^2} - \dfrac{x+9}{25(x^2+4x+5)}$

(25) $\dfrac{1}{x+2} + \dfrac{2}{(x+2)^2} + \dfrac{3}{(x+2)^3}$　　(26) $\dfrac{1}{2(x-1)} - \dfrac{1}{2(x+1)} + \dfrac{1}{x-2} - \dfrac{1}{x+2}$

(27) $\dfrac{1}{x} - \dfrac{1}{x^2} + \dfrac{1}{x^2+1}$　　(28) $-\dfrac{1}{x-1} - \dfrac{1}{x+1} + \dfrac{3}{x-2}$　　(29) $-\dfrac{1}{x+2} + \dfrac{2x+3}{x^2+2x+5}$

(30) $\dfrac{1}{x+1} - \dfrac{3}{(x+1)^2} + \dfrac{4}{(x+1)^3}$

2.6 (1) $\dfrac{1}{6} \log \left| \dfrac{x-5}{x+1} \right| + C$　　(2) $\dfrac{1}{8} \log \left| \dfrac{x-7}{x+1} \right| + C$　　(3) $\log \left| \dfrac{x+2}{x+3} \right| + C$

(4) $\dfrac{1}{6} \log \left| \dfrac{x-3}{x+3} \right| + C$　　(5) $\dfrac{1}{2} \log \left| \dfrac{x+1}{x+3} \right| + C$　　(6) $-\dfrac{1}{x+3} + C$　　(7) $-\dfrac{1}{x-5} + C$

(8) $\tan^{-1}(x-3) + C$　　(9) $\tan^{-1}(x+1) + C$　　(10) $\tan^{-1}(x+3) + C$

(11) $2\log|x-1| + \log|x+1| + C$　　(12) $\dfrac{5}{2} \log|x-3| - \dfrac{3}{2} \log|x-1| + C$

(13) $\log(x^2+x+1) + C$　　(14) $\dfrac{1}{4} \log|x-1| + \dfrac{3}{4} \log|x+3| + C$

(15) $2\log|2x+3| - \log|x-2| + C$　　(16) $\log(1+4x^2) + C$

(17) $3\log|x+3| - \dfrac{1}{x+3} + C$　　(18) $\dfrac{1}{2} \log(x^2-6x+10) + C$

(19) $\dfrac{9}{8} \log|x-7| + \dfrac{7}{8} \log|x+1| + C$　　(20) $\dfrac{1}{2} \log(x^2-2x+2) + \tan^{-1}(x-1) + C$

(21) $\dfrac{3}{10} \log(4+5x^2) + C$　　(22) $\dfrac{1}{2} \log(x^2+6x+10) + 3\tan^{-1}(x+3) + C$

(23) $\dfrac{1}{2} \log|x^2-16| + C$　　(24) $\log|x-5| - \dfrac{1}{x-5} + C$

(25) $-\dfrac{1}{16}(4x+5)+\dfrac{13}{16}\log|4x+5|+C$ (26) $\dfrac{1}{2}x^2-x+4\log|x+1|+C$

(27) $12\log\left|\dfrac{x+1}{x+2}\right|+\dfrac{5}{x+1}+\dfrac{7}{x+2}+C$ (28) $\dfrac{1}{2}x^2-6x+31\log|x+5|+C$

(29) $x-7\log|x-2|+13\log|x-3|+C$ (30) $\dfrac{1}{2}x^2-3x+7\log|x+2|+C$

(31) $\dfrac{1}{9}\log\left|\dfrac{x-1}{x+2}\right|-\dfrac{5}{3(x-1)}+C$ (32) $-\dfrac{1}{12}\log|x+1|+\dfrac{1}{21}\log|x-2|+\dfrac{1}{28}\log|x+5|+C$

(33) $\dfrac{1}{3}x^3+x^2+4x+\log|x^2-x-1|+C$

(34) $\dfrac{2}{5}\log|x-1|-\dfrac{1}{5}\log(x^2+2x+2)+\dfrac{1}{5}\tan^{-1}(x+1)+C$

(35) $\dfrac{1}{4}\log|x-1|+\dfrac{3}{4}\log|x+1|+\dfrac{1}{2}\tan^{-1}x+C$

(36) $\dfrac{3}{4}\log|x-1|-\dfrac{3}{8}\log(x^2+1)-\dfrac{x-3}{4(x^2+1)^2}-\tan^{-1}x+C$

2.7 (1) $-\dfrac{1}{4}\cos^4 x+\cos x+C$ (2) $\tan^{-1}(\sin x)+C$

(3) $\dfrac{1}{3}\sin^3 x+\dfrac{1}{2}\sin^2 x+\sin x+C$ (4) $-\dfrac{1}{\sin x}+C$ (5) $\cos(\cos x)+C$

(6) $-\dfrac{1}{4}\cos^4 x+\dfrac{5}{2}\cos^2 x-7\cos x+C$ (7) $-\log(\cos x+1)+C$ (8) $-\dfrac{2}{3}\cos^3 x+C$

(9) $\dfrac{1}{2}\tan^2 x+2\tan x+\log|\cos x|-\tan^{-1}(\tan x)+C$ (10) $-\dfrac{1}{\tan x}-\tan^{-1}(\tan x)+C$

(11) $\dfrac{1}{3\sqrt{2}}\log\left|\dfrac{\sqrt{2}\tan x-1}{\sqrt{2}\tan x+1}\right|-\dfrac{1}{3}\tan^{-1}(\tan x)+C$ (12) $x-\dfrac{1}{2}\cos 2x+C$

(13) $\dfrac{1}{2}\log\left(\dfrac{1-\cos x}{1+\cos x}\right)+C$ (14) $\tan\dfrac{x}{2}+C$ (15) $\dfrac{1}{2}\tan^2\dfrac{x}{2}+\tan\dfrac{x}{2}+\log\left|\tan\dfrac{x}{2}\right|+C$

(16) $\log|\cos x+\sin x|+C$ (17) $\dfrac{2}{\sqrt{3}}\tan^{-1}\dfrac{2\tan\frac{x}{2}+1}{\sqrt{3}}+C$

(18) $\log(\sin x+1)+\dfrac{2}{\tan\frac{x}{2}+1}+C$

2.8 (1) $2x^{\frac{1}{2}}-3x^{\frac{1}{3}}+6x^{\frac{1}{6}}-6\log|x^{\frac{1}{6}}+1|+C$ (2) $\sqrt{2x+3}+C$ (3) $\dfrac{3}{10}(2x+3)(x-1)^{\frac{2}{3}}+C$

(4) $\dfrac{\sqrt{x^2-1}-x}{x}+C$ (5) $\dfrac{x\sqrt{x^2-4}}{2}-2\log|x+\sqrt{x^2-4}|+C$

(6) $\dfrac{2}{45}(2x+1)^{\frac{1}{4}}(5x^2-4x+8)+C$ (7) $\dfrac{2}{15}(3x-2)(x+1)^{\frac{3}{2}}+C$

(8) $-2\tan^{-1}\sqrt{\dfrac{1-x}{x}}+C$ (9) $\dfrac{1}{3}\log\left|\dfrac{x+\sqrt{x^2+9}-3}{x+\sqrt{x^2+9}+3}\right|+C$

(10) $\dfrac{5}{8}(2x+1)^{\frac{4}{5}}+C$ (11) $\dfrac{1}{3}(x+2)^{\frac{3}{2}}-\dfrac{1}{3}x^{\frac{3}{2}}+C$ (12) $\log\left|\dfrac{x+\sqrt{x^2+1}-1}{x+\sqrt{x^2+1}+1}\right|+C$

(13) $\log\left|\dfrac{\sqrt{1-x}-1}{\sqrt{1-x}+1}\right|+C$ (14) $\log\left|\dfrac{x+\sqrt{x^2+x+1}-1}{x+\sqrt{x^2+x+1}+1}\right|+C$

(15) $\dfrac{\sqrt{1-x^2}-x-1}{x}-2\tan^{-1}\sqrt{\dfrac{1-x}{1+x}}+C$

(16) $\dfrac{n}{(n+1)(2n+1)}\{(n+1)x-n\}(x+1)^{\frac{n+1}{n}}+C$

(17) $2\sqrt{x+2}-2\log|1+\sqrt{x+2}|+C$

(18) $2\sqrt{x+7}+3\log|\sqrt{x+7}-1|-\dfrac{12}{5}\log|\sqrt{x+7}-2|-\dfrac{3}{5}\log|\sqrt{x+7}+3|+C$

(19) $\dfrac{x\sqrt{x^2-1}}{2}-\dfrac{1}{2}\log|x+\sqrt{x^2-1}|+C$　　(20) $-\dfrac{(4-x^2)^{\frac{3}{2}}}{3}+C$

2.9 (1) $\dfrac{91}{4}$　　(2) 2　　(3) $\dfrac{179}{6}+2\log 2$　　(4) $\dfrac{1}{6}$　　(5) $\dfrac{3}{\sqrt[3]{2}}-\dfrac{3}{2}$　　(6) $\dfrac{1}{2}+4\log 2$

(7) 0　　(8) $\dfrac{\pi}{4}$　　(9) $\dfrac{\pi}{6}$　　(10) $\dfrac{\pi}{2}$　　(11) $\log\dfrac{4}{3}$　　(12) $\dfrac{1}{2}\log\dfrac{3}{2}$

2.10 (1) $\dfrac{x}{1+x^2}$　　(2) $3e^{(3x+1)^2}$　　(3) $\dfrac{2x}{\sqrt{x^6+1}}$　　(4) $\displaystyle\int_0^x f(t)\,dt$

2.11 (1) 0　　(2) 2　　(3) 1

2.12 (1) 1　　(2) -2　　(3) $\dfrac{1}{(\log a)^2}(a\log a-a+1)$　　(4) 1　　(5) $\dfrac{1}{4}(e^2+1)$　　(6) 1

(7) $\dfrac{\pi}{4}-\dfrac{1}{2}\log 2$　　(8) $e-2$　　(9) $\dfrac{2}{3}$　　(10) $\dfrac{1}{16}+\dfrac{3}{16}e^4$　　(11) $\dfrac{4}{15}(1+\sqrt{2})$

(12) $\dfrac{1}{2}(\pi-2)$

2.13 (1) $\dfrac{2}{3}$　　(2) 0　　(3) $\dfrac{e^4-1}{2e^2}$　　(4) $\dfrac{1}{4}\log\dfrac{9}{5}$　　(5) $3\log 3-4\log 2$　　(6) 48

(7) $-\dfrac{8}{35}$　　(8) $\dfrac{3}{4}$　　(9) 0　　(10) $\dfrac{2}{3}$　　(11) $\dfrac{\pi}{2}$　　(12) 0　　(13) $\dfrac{e-1}{2}$　　(14) $\dfrac{1}{3}(2\sqrt{2}-1)$

(15) $\dfrac{4}{3}(2-\sqrt{2})$　　(16) $\dfrac{5}{8}(5^{\frac{4}{5}}-3^{\frac{4}{5}})$　　(17) $\sqrt{3}$　　(18) 2

2.14 (1) $\dfrac{5}{8}\pi$　　(2) $-\dfrac{2}{3}$　　(3) 0　　(4) $\dfrac{1}{4}$

2.15 (1) $\dfrac{\pi^2}{4}$　　(2) $\dfrac{\pi}{8}\log 2$

2.16 (1) $e-1$　　(2) $\dfrac{2}{\pi}$　　(3) $2(\sqrt{2}-1)$　　(4) $\dfrac{1}{2}(\log 2)^2$

2.17 省略

2.18 省略

2.19 (1) 1　　(2) 発散する　　(3) 1　　(4) $\dfrac{\pi}{2}$　　(5) 発散する　　(6) $\log 2$　　(7) 発散する

(8) π　　(9) 6　　(10) $\dfrac{\pi}{3}$　　(11) $\dfrac{e^2}{4}$　　(12) $\dfrac{3}{4}\pi$　　(13) 発散する　　(14) 0　　(15) 4

(16) $\dfrac{\log 2}{2}$　　(17) $\dfrac{\pi}{4}+\dfrac{1}{2}\log 2$　　(18) 発散する

2.20 $s>1$ のとき，$\displaystyle\int_1^{\infty}\dfrac{1}{x^s}\,dx$ は収束し，$s\leqq 1$ のときは発散する．また，$s<1$ のとき，

$\displaystyle\int_0^1\dfrac{1}{x^s}\,dx$ は収束し，$s\geqq 1$ のときは発散する．

2.21 (1) $\dfrac{4}{3}$　　(2) $\dfrac{71}{6}$　　(3) $\dfrac{2}{3}$　　(4) $\dfrac{1}{6}$　　(5) $e-1$　　(6) $\dfrac{16}{15}$　　(7) $\dfrac{4}{15}$　　(8) $\dfrac{\sqrt{3}}{9}\pi-\dfrac{1}{2}$

(9) 4　　(10) 1　　(11) $1-\dfrac{3}{e^2}$　　(12) $\log 2-\dfrac{1}{2}$　　(13) $\dfrac{5}{2}$　　(14) $\dfrac{37}{12}$　　(15) $\dfrac{4}{3}$

(16) $\dfrac{3}{2}-2\log 2$　　(17) 2　　(18) $\dfrac{\pi}{2}$

2.22 (1) $\dfrac{e}{2}-1$　　(2) $\dfrac{1}{8}$　　(3) $\dfrac{16}{9}$

2.23 (1) $\dfrac{8}{3}$　　(2) $\dfrac{32}{3}$　　(3) 3π　　(4) $\dfrac{3}{16}\pi$

2.24 (1) π　　(2) $\dfrac{\pi}{2}$　　(3) $\dfrac{3}{2}\pi$　　(4) 2

2.25 (1) $\dfrac{\sqrt{2}}{2}+\dfrac{1}{2}\log(\sqrt{2}+1)$　　(2) $\log(2+\sqrt{3})$　　(3) 6　　(4) $\sqrt{1+4\pi^2}(e^{\frac{3}{2}}-1)$

2.26 (1) $\dfrac{8}{3}(1+\pi^2)^{\frac{3}{2}}-\dfrac{8}{3}$　　(2) 8　　(3) $\dfrac{3}{2}\pi$　　(4) $\sqrt{2}(e^{2\pi}-1)$　　(5) $\dfrac{8}{3}$　　(6) $\sqrt{2}$

2.27 省略

2.28 (1) 体積: $\dfrac{\pi}{7}$, 表面積: $\dfrac{\pi}{27}(10\sqrt{10}-1)$　　(2) 体積: $\dfrac{\pi^2}{2}$, 表面積: $2\pi\{\sqrt{2}+\log(\sqrt{2}+1)\}$

第 3 章

3.1 (1) 0　　(2) -4　　(3) 極限は存在しない　　(4) 極限は存在しない　　(5) 0

(6) 極限は存在しない　　(7) 0　　(8) 1　　(9) 極限は存在しない

3.2 (1) 連続　　(2) 連続ではない　　(3) 連続　　(4) 連続ではない

3.3 (1) $f_x(x,y)=2x+2y+y^3$, $f_y(x,y)=2x+3xy^2$

(2) $f_x(x,y)=-\dfrac{y}{(x+y)^2}$, $f_y(x,y)=\dfrac{x}{(x+y)^2}$

(3) $f_x(x,y)=-\dfrac{2x}{(x^2-y^2)^2}$, $f_y(x,y)=\dfrac{2y}{(x^2-y^2)^2}$

(4) $f_x(x,y)=1-y+\dfrac{1}{y^2}$, $f_y(x,y)=3-x-\dfrac{2x}{y^3}$

(5) $f_x(x,y)=1-\dfrac{y}{\sqrt{x}}$, $f_y(x,y)=-2\sqrt{x}+2y$

(6) $f_x(x,y)=\dfrac{y}{x^2+y^2}$, $f_y(x,y)=-\dfrac{x}{x^2+y^2}$

(7) $f_x(x,y)=y\cos(x+y)-xy\sin(x+y)$, $f_y(x,y)=x\cos(x+y)-xy\sin(x+y)$

(8) $f_x(x,y)=\dfrac{1}{2\sqrt{x+y^2}}$, $f_y(x,y)=\dfrac{y}{\sqrt{x+y^2}}$

(9) $f_x(x,y)=\dfrac{1}{\sqrt{y^2-x^2}}$, $f_y(x,y)=-\dfrac{x}{y\sqrt{y^2-x^2}}$

3.4 (1) $\dfrac{1}{\sqrt{2}}(x-y)$　　(2) $(6x+2y)\cos\theta+2x\sin\theta$

3.5 (1) 全微分可能　　(2) 全微分可能　　(3) 全微分可能　　(4) 全微分可能ではない

3.6 (1) $\sqrt{2}$　(2) $-\dfrac{3}{10}\sqrt{5}$　(3) $\dfrac{1}{\sqrt{2}}(\cos\theta + \sin\theta)$　(4) $-\dfrac{1}{10} - \dfrac{4}{5}\log 2$

3.7 (1) $z = 4x + 4y - 9$　(2) 全微分可能ではない　(3) $z = \dfrac{\sqrt{6}}{3}x + \dfrac{\sqrt{6}}{3}y - \dfrac{2}{3}\sqrt{3} + \dfrac{\pi}{6}$
(4) $z = x + y + \log 2 - 2$

3.8 省略

3.9 (1) $f_{xx}(x,y) = 2$, $f_{xy}(x,y) = f_{yx}(x,y) = 1$, $f_{yy}(x,y) = 0$
(2) $f_{xx}(x,y) = \dfrac{x}{(y^2 - x^2)^{\frac{3}{2}}}$, $f_{xy}(x,y) = f_{yx}(x,y) = -\dfrac{y}{(y^2 - x^2)^{\frac{3}{2}}}$,
$f_{yy}(x,y) = \dfrac{x(2y^2 - x^2)}{y^2(y^2 - x^2)^{\frac{3}{2}}}$
(3) $f_{xx}(x,y) = -\dfrac{2xy}{(x^2 + y^2)^2}$, $f_{xy}(x,y) = f_{yx}(x,y) = \dfrac{x^2 - y^2}{(x^2 + y^2)^2}$, $f_{yy}(x,y) = \dfrac{2xy}{(x^2 + y^2)^2}$
(4) $f_{xx}(x,y) = -\dfrac{y^2}{(x^2 - y^2)^{\frac{3}{2}}}$, $f_{xy}(x,y) = f_{yx}(x,y) = \dfrac{xy}{(x^2 - y^2)^{\frac{3}{2}}}$,
$f_{yy}(x,y) = -\dfrac{x^2}{(x^2 - y^2)^{\frac{3}{2}}}$

(5) $f_{xx}(x,y) = y(y-1)x^{y-2}$, $f_{xy}(x,y) = f_{yx}(x,y) = x^{y-1}(1 + y\log x)$,
$f_{yy}(x,y) = x^y(\log x)^2$
(6) $f_{xx}(x,y) = e^{x-y}$, $f_{xy}(x,y) = f_{yx}(x,y) = -e^{x-y}$, $f_{yy}(x,y) = e^{x-y}$

3.10 (1) $f_{xxx}(x,y) = 0$, $f_{xxy}(x,y) = f_{xyx}(x,y) = f_{yxx}(x,y) = 6y^2$,
$f_{xyy}(x,y) = f_{yxy}(x,y) = f_{yyx}(x,y) = 12xy$, $f_{yyy}(x,y) = 6x^2$
(2) $f_{xxx}(x,y) = f_{xxy}(x,y) = f_{xyx}(x,y) = f_{yxx}(x,y) = 0$,
$f_{xyy}(x,y) = f_{yxy}(x,y) = f_{yyx}(x,y) = \dfrac{2}{y^3}$, $f_{yyy}(x,y) = -\dfrac{6x}{y^4}$
(3) $f_{xxx}(x,y) = -\dfrac{6y}{(x+y)^4}$, $f_{xxy}(x,y) = f_{xyx}(x,y) = f_{yxx}(x,y) = \dfrac{2(x - 2y)}{(x+y)^4}$,
$f_{xyy}(x,y) = f_{yxy}(x,y) = f_{yyx}(x,y) = \dfrac{2(2x - y)}{(x+y)^4}$, $f_{yyy}(x,y) = \dfrac{6x}{(x+y)^4}$
(4) $f_{xxx}(x,y) = -y^3\cos xy$, $f_{xxy}(x,y) = f_{xyx}(x,y) = f_{yxx}(x,y) = -xy^2\cos xy - 2y\sin xy$,
$f_{xyy}(x,y) = f_{yxy}(x,y) = f_{yyx}(x,y) = -x^2 y\cos xy - 2x\sin xy$, $f_{yyy}(x,y) = -x^3\cos xy$

3.11 (1) $f_x(x,y) = \dfrac{2xy + 1}{2\sqrt{x^2 y + x}} - y\sin xy$, $f_y(x,y) = \dfrac{x^2}{2\sqrt{x^2 y + x}} - x\sin xy$
(2) $f_x(x,y) = \dfrac{x^2 + xye^{xy} - e^{xy}}{x^2\cos(x+y)} + \dfrac{x^2 + e^{xy}}{x\cos^2(x+y)}\sin(x+y)$,
$f_y(x,y) = \dfrac{e^{xy}}{\cos(x+y)} + \dfrac{x^2 + e^{xy}}{x\cos^2(x+y)}\sin(x+y)$
(3) $f_x(x,y) = y\cos xy - y^2(x-y)\sin xy$, $f_y(x,y) = (x - 2y)\cos xy - xy(x-y)\sin xy$

(4) $f_x(x, y) = \dfrac{xy(3x - 4y)}{2\sqrt{x-y}(x - y + x^4y^2)}$, $f_y(x, y) = \dfrac{x^2(2x - y)}{2\sqrt{x-y}(x - y + x^4y^2)}$

3.12 省略

3.13 省略

3.14 (1) $\varphi'(x) = -\dfrac{2x + 3y}{3x + 2y}$, $\varphi''(x) = \dfrac{10}{(3x + 2y)^3}$

(2) $\varphi'(x) = -\dfrac{3x^2 - 2x}{2y}$, $\varphi''(x) = -\dfrac{12xy^2 - 4y^2 + 9x^4 - 12x^3 + 4x^2}{4y^3}$

(3) $\varphi'(x) = \dfrac{y(2x - y)}{x(2y - x)}$, $\varphi''(x) = \dfrac{6y(x^3 - y^3 + 4)}{x^2(x - 2y)^3}$

(4) $\varphi'(x) = \dfrac{2x + y}{2y - x}$, $\varphi''(x) = \dfrac{10}{(x - 2y)^3}$

(5) $\varphi'(x) = -e^{y-x}$, $\varphi''(x) = e^{2y-x}$

3.15 (1) $x = 0$ のとき極大で，極大値は 1, $x = 0$ のとき極小で，極小値は -1.

(2) $x = 0$ のとき極大で，極大値は 1, $x = 0$ のとき極小で，極小値は -1.

(3) $x = \dfrac{1}{\sqrt{3}}$ のとき極大で，極大値は $\dfrac{2}{\sqrt{3}}$, $x = -\dfrac{1}{\sqrt{3}}$ のとき極小で，極小値は $-\dfrac{2}{\sqrt{3}}$.

(4) $x = \sqrt[3]{2}$ のとき極大で，極大値は $\sqrt[3]{4}$.

3.16 (1) $(x, y) = \left(-\dfrac{4}{7}, \dfrac{8}{7}\right)$ のとき極小で，極小値は $-\dfrac{16}{7}$.

(2) 極値はもたない.

(3) $(x, y) = (-1, -1)$ のとき極大で，極大値は 4, $(x, y) = \left(\dfrac{1}{3}, \dfrac{1}{3}\right)$ のとき極小で，極小値は $\dfrac{44}{27}$.

(4) $(x, y) = \left(\dfrac{1}{3}, -\dfrac{4}{3}\right)$ のとき極小で，極小値は $-\dfrac{4}{3}$.

(5) $(x, y) = (2, 2)$ のとき極小で，極小値は -8.

(6) $(x, y) = \left(\pm\dfrac{1}{2}, \pm\dfrac{1}{2}\right)$ (複号同順) のとき極小で，極小値は $-\dfrac{1}{8}$, $(x, y) = \left(\pm\dfrac{1}{2}, \mp\dfrac{1}{2}\right)$ (複号同順) のとき極大で，極大値は $\dfrac{1}{8}$.

(7) 極値はもたない.

(8) $(x, y) = (0, 0)$ のとき極大で，極大値は 1.

3.17 (1) $(x, y) = \left(\dfrac{1}{\sqrt{2}}, \dfrac{1}{\sqrt{2}}\right)$ のとき極大で，極大値は $\sqrt{2}$, $(x, y) = \left(-\dfrac{1}{\sqrt{2}}, -\dfrac{1}{\sqrt{2}}\right)$ のとき極小で，極小値は $-\sqrt{2}$.

(2) $(x, y) = \left(\pm\dfrac{1}{\sqrt{2}}, \pm\dfrac{1}{\sqrt{2}}\right)$ (複号同順) のとき極大で，極大値は $\dfrac{1}{2}$, $(x, y) = \left(\pm\dfrac{1}{\sqrt{2}}, \mp\dfrac{1}{\sqrt{2}}\right)$ (複号同順) のとき極小で，極小値は $-\dfrac{1}{2}$.

(3) $(x, y) = (\pm1, \pm1)$ (複号同順) のとき極小で，極小値は 2.

(4) $(x, y) = \left(\pm\dfrac{2}{\sqrt{5}}, \pm\dfrac{1}{\sqrt{5}}\right)$ (複号同順) のとき極大で，極大値は 5, $(x, y) = \left(\pm\dfrac{1}{\sqrt{5}}, \mp\dfrac{2}{\sqrt{5}}\right)$

(複号同順) のとき極小で，極小値は 0.

(5) $(x, y) = \left(\pm\dfrac{1}{\sqrt{3}}, \pm\dfrac{1}{\sqrt{3}} \right)$ (複号同順) のとき極大で，極大値は $\dfrac{1}{3}$, $(x, y) = (\pm 1, \mp 1)$ (複号同順) のとき極小で，極小値は -1.

3.18 (1) $1 + (x - 1) - (y - 1) + \dfrac{1}{2} \{ (x-1)^2 - 2(x-1)(y-1) + (y-1)^2 \}$

$+ \dfrac{1}{6} \{ (x-1)^3 - 3(x-1)^2(y-1) + 3(x-1)(y-1)^2 - (y-1)^3 \}$

(2) $2(x-1) - (y-2) - \dfrac{1}{6} \{ 8(x-1)^3 - 12(x-1)^2(y-2) + 6(x-1)(y-2)^2 - (y-2)^3 \}$

(3) $1 - (x-1) + y + \{ (x-1)^2 - 2(x-1)y + y^2 \} - \{ (x-1)^3 - 3(x-1)^2 y + 3(x-1)y^2 - y^3 \}$

(4) $y + \dfrac{1}{2}(2xy - y^2) + \dfrac{1}{6}(3x^2 y - 3xy^2 + 2y^3)$

(5) $1 + y - \dfrac{1}{2}(x^2 - y^2) - \dfrac{1}{6}(3x^2 y - y^3)$

(6) $1 + \dfrac{1}{2}(x-3) + (y+1) - \dfrac{1}{8} \{ (x-3)^2 + 4(x-3)(y+1) + 4(y+1)^2 \}$

$+ \dfrac{1}{16} \{ (x-3)^3 + 6(x-3)^2(y+1) + 12(x-3)(y+1)^2 + 8(y+1)^3 \}$

第 4 章

4.1 (1) $-\dfrac{1}{2}$　(2) $\dfrac{73}{6}$　(3) 4　(4) $-\dfrac{2}{3}$　(5) $\dfrac{1}{6}\left(e^{11} - e^9 - e^2 + 1\right)$

4.2 (1) $\dfrac{1}{192}$　(2) $\dfrac{1}{12}$　(3) $\dfrac{1}{15}$　(4) $\dfrac{2}{3}$　(5) $\dfrac{1}{3}(\sqrt{2} - 1)$

4.3 省略

4.4 (1) $\displaystyle\int_0^2 \left(\int_{\frac{y}{2}}^1 f(x, y)\, dx \right) dy$　(2) $\displaystyle\int_0^1 \left(\int_y^{\sqrt{y}} f(x, y)\, dx \right) dy$

(3) $\displaystyle\int_0^1 \left(\int_{-\sqrt{y}}^{\sqrt{y}} f(x, y)\, dx \right) dy$　(4) $\displaystyle\int_0^2 \left(\int_{-\sqrt{1 - \frac{y^2}{4}}}^{\sqrt{1 - \frac{y^2}{4}}} f(x, y)\, dx \right) dy$

4.5 (1) $\dfrac{\pi}{8}$　(2) $\dfrac{8}{3}$　(3) $\dfrac{24}{5}$　(4) $\dfrac{1}{2}e - \dfrac{1}{2}$

4.6 (1) $\dfrac{2}{3}\pi$　(2) $\dfrac{1023}{5120}\pi$　(3) $\dfrac{\pi}{8}$

4.7 (1) $\dfrac{1}{4}$　(2) $e^2 - 1$　(3) $\dfrac{4}{3}$

4.8 (1) $1 - \dfrac{1}{e}$　(2) $\dfrac{1}{2\sqrt{2}}$

4.9 (1) $\dfrac{3}{4}$　(2) $\dfrac{3}{4}\sqrt{\pi}$　(3) $\dfrac{1}{2}$　(4) $\sqrt{\pi}$

4.10 (1) $\dfrac{1}{8}$　(2) π　(3) $\dfrac{\pi}{6}\left(8 - 3\sqrt{3}\right)$　(4) $\dfrac{\pi}{2}$　(5) $\dfrac{\pi}{2}$　(6) $\dfrac{4}{35}\pi$　(7) $\dfrac{4}{3}abc\pi$

4.11 (1) $\dfrac{\pi}{6}\left(5\sqrt{5} - 1\right)$　(2) $\dfrac{\sqrt{3}}{2}$　(3) 8　(4) $2\pi - 4$

索　引

著者略歴

山崎 丈明 (やまざきたけあき)

1973 年	東京都生まれ
2000 年	東京理科大学大学院博士課程 (数学専攻) 修了
現　在	東洋大学理工学部教授　博士 (理学)
主要著書	線形代数学−理論・技法・応用 (学術図書出版社, 2011)
	例題と演習で学ぶ 線形代数 (培風館, 2019)

例題と演習で学ぶ 微分積分学 改訂版

2014 年 9 月 30 日	第 1 版　第 1 刷　発行
2021 年 2 月 20 日	第 1 版　第 8 刷　発行
2021 年 10 月 20 日	**改訂版　第 1 刷　印刷**
2021 年 10 月 31 日	**改訂版　第 1 刷　発行**

著　者　　山崎丈明
発行者　　発田和子
発行所　　株式会社　学術図書出版社

〒113−0033　東京都文京区本郷 5 丁目 4 の 6
TEL 03−3811−0889　振替 00110−4−28454
印刷　三美印刷 (株)

定価はカバーに表示してあります.